Blessing Barnet Chiniko

Cozinha Verde: Perspectivas energéticas no mercado africano

Blessing Barnet Chiniko

Cozinha Verde: Perspectivas energéticas no mercado africano

ScienciaScripts

Imprint

Any brand names and product names mentioned in this book are subject to trademark, brand or patent protection and are trademarks or registered trademarks of their respective holders. The use of brand names, product names, common names, trade names, product descriptions etc. even without a particular marking in this work is in no way to be construed to mean that such names may be regarded as unrestricted in respect of trademark and brand protection legislation and could thus be used by anyone.

Cover image: www.ingimage.com

This book is a translation from the original published under ISBN 978-620-2-30703-1.

Publisher:
Sciencia Scripts
is a trademark of
Dodo Books Indian Ocean Ltd. and OmniScriptum S.R.L publishing group

120 High Road, East Finchley, London, N2 9ED, United Kingdom
Str. Armeneasca 28/1, office 1, Chisinau MD-2012, Republic of Moldova, Europe
Printed at: see last page
ISBN: 978-620-5-67532-8

Conteúdos

Prefácio

Nos países da África Subsaariana, mais de 88% da população total depende principalmente da biomassa tradicional, tal como lenha, carvão vegetal e resíduos agrícolas como fonte de energia para cozinhar. Contudo, a avaliação de investigações recentes demonstrou que a dependência principalmente desta biomassa tradicional levou a degradações ambientais, a questões relacionadas com a saúde das mulheres e crianças e também, a alterações climáticas locais. Nesse sentido, a cozinha solar, fogões de biomassa melhorados, produção de biogás, gás natural canalizado (GNL), cozinha eléctrica e gás de petróleo liquefeito (GPL) foram desenvolvidos como as mais recentes soluções sustentáveis para enfrentar os desafios da biomassa tradicional. Portanto, este livro analisa os desafios associados à cozinha solar, à melhoria dos fogões a biomassa e à produção de biogás em África. O livro argumenta que as soluções existentes não estão operacionais em países em desenvolvimento como a Nigéria, Uganda, Ruanda e Camarões devido ao analfabetismo, incidência da pobreza, indisponibilidade de materiais e mão-de-obra qualificada, não aceitação cultural e indisponibilidade de fontes intermitentes. Neste contexto, este livro propõe um plano de acções futuras para facilitar a integração destas soluções sustentáveis nas casas africanas e assim reduzir a poluição que afecta a saúde dos utilizadores finais directos desta biomassa tradicional. Em conclusão, este livro postula que o desenvolvimento do empreendedorismo juvenil, a sensibilização e uma explicação profunda destas técnicas seria uma abordagem contributiva para erradicar o preconceito existente contra estas novas técnicas.

Palavras-chave: Cozinha sustentável; Verde; Biomassa; Cozinha solar; Energia; Combustível de madeira.

1. Análise do mercado das energias renováveis

A poluição atmosférica é uma questão urbana que está associada aos automóveis e às indústrias pesadas; contudo, metade da população mundial nas zonas rurais dos países em **A**desenvolvimento está exposta a alguns dos níveis mais elevados de poluição atmosférica devido à queima de combustíveis de biomassa tradicionais (Razia Sultana, 2016). A poluição do ar doméstico (HAP) ocorre quando combustíveis de biomassa como a madeira, estrume, resíduos de culturas, e carvão vegetal são queimados dentro de casa, e é uma questão de saúde pública crucial mas desafiante. A nível mundial, aproximadamente 2,8 mil milhões de pessoas utilizam o combustível de biomassa para cozinhar e aquecer as suas casas, resultando em cerca de 11.000 mortes diárias e quase 4,3 milhões de mortes prematuras por ano (2,3). (Jacqueline Hollada, 2017). Os Gases Verdes (GEE) e o carbono negro são os resultados da combustão incompleta da madeira ou biomassa que contribui para o aquecimento global. Cozinhar, conservar os alimentos, e aquecer a água são muito importantes para o sustento da vida humana. Estas tarefas são geralmente realizadas tanto em grande como em pequena escala, e a emissão resultante deste sistema de cozedura não pode ser ignorada. Assim, para reduzir os impactos na saúde e as emissões de GEE dos métodos tradicionais de cozinha, foi realizada uma investigação no Instituto Verde em Ondo, na Escola Secundária Homaj, na Nigéria, sobre as soluções sustentáveis limpas mais aplicáveis que são: Cozinha Solar e Fogões de Biomassa Melhorados das seis soluções sustentáveis disponíveis ilustradas abaixo serão comparadas com o fogão tradicional da escola.

a) . GPL

O gás de petróleo liquefeito (GPL) conhecido em alguns países como propano, butano, gás engarrafado, ou gás de cozinha é um combustível de cozinha limpo e eficiente conhecido por ser utilizado por quase três mil milhões de pessoas residentes tanto em zonas rurais como urbanas. Embora a pegada ambiental do GPL seja muito insignificante em comparação com a biomassa e outros combustíveis fósseis devido à sua eficiência, ao seu processo de combustão completo, ao seu desempenho sustentado na utilização no campo ao longo do tempo e ao seu perfil de emissão limpo e baixo teor de enxofre. Nos estudos globais sobre a carga de doenças, a cozedura com GPL é considerada como o nível contrafactual viável de poluição, porque é normalmente o primeiro combustível limpo que os consumidores utilizam quando partem da biomassa. (Van Leeuwe Richenda, 2017)

b) Fogões Solares

A luz solar pode ser utilizada para cozinhar alimentos utilizando aparelhos chamados fogões solares que utilizam o calor do sol. No entanto, a penetração da tecnologia dos fogões solares ainda não está madura porque o tempo médio de cozedura utilizado é muito mais longo em comparação com os métodos tradicionais. Além disso, não podem ser utilizados quando não há luz solar (ou seja, à noite). As tecnologias de cozedura solar são consideradas uma das mais amigas do ambiente. Utiliza a fonte de energia mais livre disponível, e pode ser bastante viável em áreas com luz solar abundante, como na África Subsaariana. Por outro lado, a aceitação pública de fogões solares térmicos, aquecedores de água, e secadores de alimentos ainda não acompanhou o rápido melhoramento destas tecnologias solares térmicas. Além disso, abundam percepções erradas e informação incorrecta sobre as tecnologias de cozedura solar, onde os mais comuns são os mitos que rodeiam o desempenho, e a capacidade das panelas solares para cozinhar uma variedade de tipos e quantidades de alimentos. (Greene, 2016)

c) Fogões a lenha melhorados

Os fogões a lenha são aparelhos de aquecimento capazes de queimar combustível de lenha. Um fogão a lenha aberto é feito a partir de um fogão tradicional de 3 rochas ou fogão a lama através da colheita de lenha para cozinhar combustível. Cerca de dois terços da população dos países em desenvolvimento - três (3) mil milhões de pessoas, ainda dependem predominantemente de biocombustíveis (madeira, estrume e resíduos de culturas) para a energia doméstica (World Resources Institute, 1998; Organização Mundial de Saúde, 2002). Além disso, uma parte maior da população nigeriana, especialmente os que vivem nas zonas rurais, dependem principalmente do combustível da madeira para cozinhar. Queimado em fogo aberto ou em fogões simples, este método tradicional é conhecido por ter contribuído largamente para as doenças epidemiológicas e o aquecimento global. Consequentemente, houve uma necessidade abundante de melhorar os fogões de cozinha em vez dos fogões tradicionais, a fim de reduzir a poluição atmosférica, a desflorestação ou o abate de árvores para reduzir a quantidade de lenha que os fogões consomem, e para reduzir a saúde negativa, como o cancro do pulmão, defeitos oculares que estão associados à cozinha tradicional.

Como tal, foi introduzida no início do século 18th uma tecnologia melhorada de fogões para evitar todos os inconvenientes dos fogões de fogo abertos (têm arestas fechadas para que a combustão completa, ar controlado necessário para a cozedura possa ser gerida). Finalmente, os fogões melhorados devem ser fornecidos com uma chaminé longa que possa libertar emissões tão longe quanto possível do fogão, o que por sua vez reduz o efeito do gás sobre a saúde.

d) Cozinha à base de electricidade

Os fogões eléctricos ou placas quentes eléctricas são fogões de mesa portáteis que dependem da electricidade para alimentar aparelhos onde o calor gerado nos elementos de aquecimento de uma placa quente é utilizado para cozinhar os alimentos. Os fogões eléctricos são geralmente utilizados como substitutos dos fogões de cozinha tradicionais porque são menos laboriosos e funcionam com um custo de manutenção quase nulo, oferecendo também uma cozinha alternativa para os residentes urbanos. Uma grande vantagem da cozedura eléctrica é que é isenta de emissões e poluição. Contudo, os seus maiores inconvenientes nas zonas rurais são: o fornecimento irregular de energia por parte das Empresas de Distribuição de Electricidade, a curta duração dos seus elementos de aquecimento (embora, nos últimos tempos, tenha havido uma melhoria maciça dos elementos de aquecimento, aumentando assim a sua durabilidade), e a fraca regulação da temperatura. Além disso, é importante que o corpo do fogão seja à prova de choque ou isolado para evitar a electrocussão. O aquecimento é geralmente controlado por reguladores de calor ou interruptor rotativo que ajuda a manter uma gama de temperaturas pré-definidas. Em conclusão, a cozedura à base de electricidade é limpa, segura e eficiente para pequenas cozeduras quando manuseada com cuidado.

e) Biogás

A tecnologia dos digestores de gás de biogás é uma das soluções sustentáveis para fornecer combustível de cozinha, uma vez que é definida como a mistura de gases, libertados do processo de decomposição dos orgânicos em condições anaeróbias. A digestão anaeróbia é mais comum em áreas onde a sua produção de resíduos orgânicos é enorme, e também a disponibilidade de água. Dois cubos métricos de metano podem ser produzidos a partir do estrume animal de quatro vacas, que é aproximadamente 12 kg/dia, além de 50 litros de água, produzindo ainda uma quantidade suficiente de fertilizantes de que os agricultores podem depender como fonte de nutrientes para o seu solo. Assim, as unidades de biogás actualmente implementadas têm uma tecnologia bem estabelecida devido ao facto de mais de 4,4 milhões de unidades terem sido instaladas na Índia. (PluginIndea, 2011).

O biogás é considerado uma das soluções mais sustentáveis para cozinhar no ambiente do agricultor, onde minimiza o tempo necessário para a dona-de-casa nas zonas rurais recolher a madeira necessária para o fogo, também preserva a ideia de queimar a própria madeira que pode levar à desflorestação a longo prazo, além disso, muitos efeitos na saúde relacionados com a poluição do ar doméstico pela queima de madeira ou doenças patogénicas relacionadas com a gestão inadequada de resíduos sólidos ou esgotos humanos/animais. No entanto, a tecnologia do biogás ainda tem alguns inconvenientes, pois contém muitas impurezas e instabilidades que podem causar explosões para além do seu mau cheiro se não for bem instalada, mas muitas pesquisas estão a ser feitas nesta área para aumentar a eficiência das unidades de biogás e torná-las mais sustentáveis para as zonas rurais que carecem de melhoria das infra-estruturas e dos recursos naturais.

f)   Gás Natural Canalizado (PNG)

Embora o gás natural não seja considerado uma fonte de energia renovável, é a fonte mais limpa, mais segura e mais fácil dos gases combustíveis fósseis. Principalmente, o gás natural é uma fonte de combustível hidrocarbónico, o que significa que contém hidrogénio e derivados de carbono, embora seja constituído principalmente por metano (CH_4) e alguns hidrocarbonetos superiores. Além disso, o gás natural após combustão não deixa odor, cor ou fuligem atrás dele. Além disso, a exposição elevada ou baixa aos seres humanos não tem efeitos na saúde. O Gás Natural Canalizado (GNC) baseia-se numa rede de tubagens, fornecida por distribuidores de gás da cidade (CGDs) onde operam e mantêm a rede e os seus outros requerentes. Sistema de GNV composto principalmente por tubagens, ligações de tubagem pressurizada, regulador de pressão e válvulas de segurança, para além de fogões a GNV que são quase semelhantes aos fogões a GPL (ABHISHEK JAIN, 2015). No entanto, a GNV é considerada amiga do ambiente, segura, barata e fiável, mas também tem alguns inconvenientes, uma vez que é altamente combustível, pelo que qualquer erro no seu manuseamento ou instalação pode levar a explosões graves para além da contenção de alguns dos GEE (Rinkesh, 2015).

2). Soluções de Cozinha Sustentável

As fontes de energia para cozinhar utilizadas nos países subsarianos implicam frequentemente uma quantidade relevante de trabalho e de riscos para a saúde, uma vez que a população não tem acesso a formas modernas de energia ou estas são demasiado caras para os seus rendimentos.

Queimar madeira ou estrume dentro de casa por esta população gera muito fumo. Partículas e compostos tóxicos estão contidos nos fumos, gerando danos e doenças nos olhos e na via respiratória.

A ameaça de poluição atmosférica também está a aumentar. Um relatório recente mostra que 92% da população mundial vive em áreas onde os níveis de qualidade do ar excedem as directrizes estabelecidas pela Organização Mundial de Saúde. O CEO da Global Alliance for clean cookstoves (GACC) sobre o relatório de 2016 do GACC sublinhou que a cozinha limpa é cada vez mais reconhecida como essencial para abordar uma vasta gama de objectivos globais, desde salvar vidas a mitigar as alterações climáticas. (Cookstoves, 2017).

a)   Fogões a lenha melhorados

Os fogões a lenha são aparelhos de aquecimento capazes de queimar lenha. A dependência de lenha dos habitantes rurais da maioria dos países em desenvolvimento, incluindo a Nigéria, é estimada em cerca de 100%, enquanto o consumo anual de lenha na Nigéria é estimado em cerca de 70 milhões de metros cúbicos. Os fogões a lenha foram geralmente preferidos em relação a outras fontes de cozedura porque outras fontes de energia não renováveis, tais como; Petróleo, GNL, e GNP não são acessíveis nem estão facilmente disponíveis, especialmente para os habitantes não urbanos.

Têm sido manifestadas várias preocupações sobre a utilização de cozinheiros tradicionais, limítrofes da saúde e do ambiente. Joseph et al e Karekazi opinaram que, "Para além das considerações económicas e ambientais, a outra questão principal que motiva os vários esforços de desenvolvimento do fogão a lenha é o factor saúde" (Joseph et al. 1990, Karekezi 1992).

Segundo a Organização Mundial de Saúde, "todos os anos, a poluição do ar interior é responsável pela morte de 1,6 milhões de pessoas...uma morte a cada vinte segundos". Por conseguinte, há uma necessidade urgente de melhores cozinheiros de madeira.

Na Índia, devido a uma grande população rural e à sua dependência dos biocombustíveis, existe um potencial substancial para a difusão de cozinhas melhoradas. Durante a última década, foram feitos progressos consideráveis no desenvolvimento e difusão de desenhos melhorados de cozinhas no país (NCAER, 1993).

Embora tenha havido várias inovações sobre os fornos de lenha existentes, ainda há espaço para muitas melhorias.

3) Visão Geral

Durante o período 1989-2000, a lenha e o carvão vegetal constituíram entre 32 e 40% do consumo total de energia primária [1]. No ano 2000, a procura nacional foi estimada em 39 milhões de toneladas de lenha. Cerca de 95% do consumo total de lenha foi utilizado em residências para cozinhar e para actividades industriais caseiras, tais como o processamento de mandioca e sementes oleaginosas, que estão intimamente relacionadas com actividades domésticas. Uma proporção menor da lenha e do carvão vegetal consumidos foi utilizada no sector dos serviços na Nigéria. A adopção de fogões de cozinha melhorados entre as famílias rurais e urbanas pode contribuir para melhorar o bem-estar através de; geração de rendimentos e oportunidades de emprego para pequenas e médias empresas, reduzindo a carga de trabalho das mulheres para a recolha de lenha, melhorando a saúde das mulheres devido a um melhor processo de queima de combustíveis de biomassa, reduzindo assim as emissões de gases nocivos e poupando o tempo das mulheres e crianças para recolher e transportar a lenha de fogo.

As cozinhas vêm em desenhos diferentes, tanto as cozinhas tradicionais (TCS) como as cozinhas melhoradas (ICS). Os Cozinheiros Tradicionais, ou são concebidos como os três fogões de pedra que são a lenha aberta ou o fogão de lama semi-fechado. Os três fogões tradicionais de pedra são ineficientes, resultam em riscos ambientais e sanitários e perda de energia devido à combustão incompleta. A forma mais simples e mais comum de fogão de três pedras foi o fogão de três pedras, disposto numa configuração em pirâmide. O fogão de três pedras permite que a panela de cozedura repouse firmemente sobre ele, o que salvou o fogo dos efeitos do vento, embora parcialmente, e uma melhoria na eficiência da cozedura.

Subsequentemente, a configuração de três pedras foi alterada para um fogão de lama semi-fechado em U (ou fogão de lama/ pedra) com uma abertura na frente para alimentação de combustível e entrada de ar de combustão.

Na década de 1950, começaram programas melhorados de desenvolvimento de cozinheiros (PIC) em vários países em desenvolvimento, como exemplos na Índia (Raju 1957), Egipto (Theodorovic 1954) e Indonésia (Singer 1961). Estes programas envolveram melhorias técnicas em fogões de cozinha, tais como a introdução de fogões multi-potes, chaminés, amortecedores ajustáveis, etc., e medições da eficiência dos fogões de cozinha. Durante o período de 1950 a 1970, foram feitas uma série de tentativas por organizações governamentais e não governamentais para introduzir novos modelos de fogões, mas nenhuma delas conseguiu qualquer impacto significativo.

As cozinhas de madeira podem ser utilizadas nas zonas subsarianas para cozinhar, aquecer e conservar alimentos.

1 Cozedura a lenha a fogo aberto no sul da Nigéria.

ideia por detrás de fogões melhorados é que a eficiência do combustível dos fogões tradicionais pode ser aumentada ou mesmo multiplicada por simples modificações no design. Isto, por sua vez, reduzirá o consumo global de lenha, e consequentemente a destruição da floresta. É possível encontrar uma vasta gama de modelos de fogões melhorados. As poupanças de combustível comunicadas variam de 10% a 60%, embora a precisão das medições ainda seja um problema. Os fogões também variam muito em custo (E.O. Zein-Elabdin, 1997).

Muitas famílias de países em desenvolvimento utilizam fogões a lenha que não têm chaminés ou exaustores de trabalho para ventilar o fumo ao ar livre. Embora não tenha havido inquéritos em larga escala estatisticamente representativos, centenas de pequenos estudos em todo o mundo em situações locais típicas mostraram que tais fogões produzem concentrações substanciais de pequenas partículas no interior - tipicamente 10 a 100 vezes os níveis a longo prazo recomendados pela Organização Mundial de Saúde nas suas directrizes globais de qualidade do ar recentemente revistas para a protecção da saúde (OMS, 2005). Contudo, mesmo os fogões com chaminés em funcionamento não eliminam completamente a poluição interior, uma vez que muitas vezes há fugas substanciais para dentro da sala e algum fumo regressa de fora para dentro de casa. As emissões significativas de poluentes nocivos para a saúde por unidade de actividade, combinadas com a utilização diária na proximidade de grandes populações humanas, significa que a utilização doméstica de combustível de biomassa produz uma exposição total substancial da população a poluentes importantes - provavelmente mais exposição, de facto, do que é causada pela utilização global de combustíveis fósseis (Smith, 1993). A exposição é maior entre mulheres pobres e crianças pequenas nos países em desenvolvimento, tanto rurais como urbanos, uma vez que estes são os grupos mais frequentemente presentes durante a cozedura.

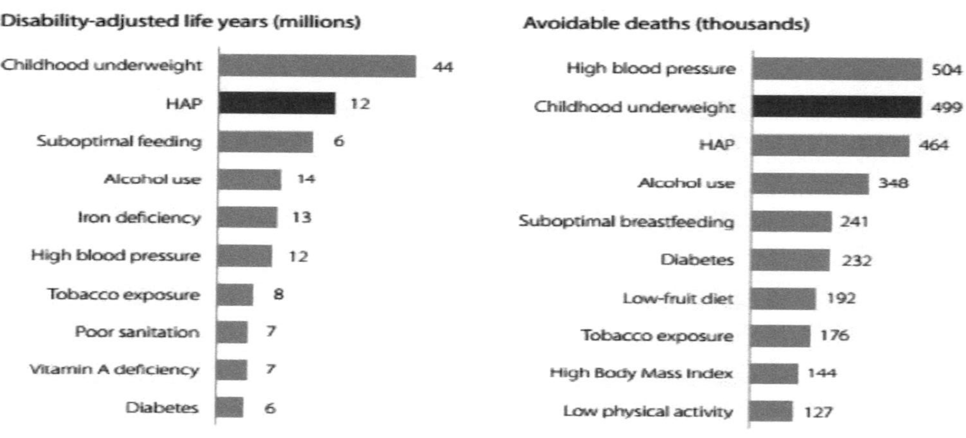

Note: As of the latest World Health Organization/Global Burden of Disease (WHO/GBD) analysis using 2012 data, the estimated number of HAP deaths in SSA stands at 581,000, suggesting that HAP may become the leading regional risk factor for mortality once the GBD data is fully revised for 2013-14.

Sources: 2010 Global Burden of Disease (available at http://www.healthmetricsandevaluation.org); Dalberg analysis.

2 Mortalidade e morbilidade na África Subsaariana, por factor de risco (2010)

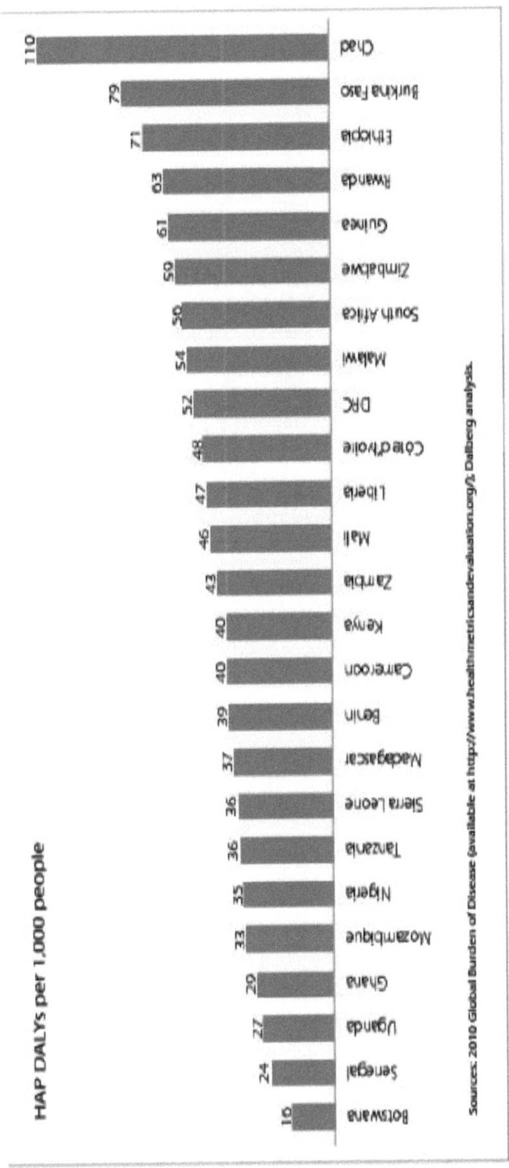

3 Incidência relativa da morbilidade relacionada com HAP na África Subsaariana (2010).

Este livro, portanto, procura melhorar as concepções existentes, introduzindo o seguinte; melhorar o processo de combustão, prevendo meios de introdução de ar suficiente para a combustão, reduzindo ainda mais a quantidade de perda de calor da combustão, reduzindo a quantidade de perda de calor por radiação através de uma concepção cuidadosa do assento da panela, e reduzindo o nível de poluição do ambiente da cozinha com emissões de fumo através da concepção do assento da panela e incorporando uma chaminé.

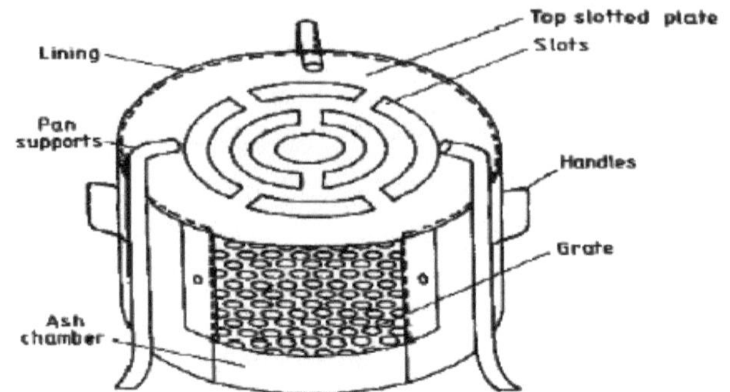

Fig. 2. Diagram of CPRI design of an improved portable metallic cookstove.

a) . DESENHO

Parâmetros principais de fogões a lenha melhorados:

Tipo: Fixa

Tamanho: Comunidade "Dois potes

Tipo de material: Metal "Aço selvagem

Acessórios: Geral (Chaminé)

b) Custo

Os lareiros de 3 pedras e outros fogões não melhorados eram gratuitos para os lares. Por outro lado, o custo médio dos fogões melhorados variava entre $10-$15 (E.U.A. de um dólar).

c) Procura no mercado de fogões de cozinha a lenha melhorados

A procura do mercado para o Improved Wood Cookstove é elevada. Devido à redução do fumo e à sua capacidade de reduzir a prevalência de tosse, dores de cabeça e dores nas costas, existe agora um melhor acesso a alimentos de melhor qualidade - já não contendo sedimentos contaminantes. A redução da quantidade de madeira a recolher levou a um aumento do tempo livre tanto para homens como para mulheres e a mais tempo para procurar emprego e trabalhar fora de casa. O potencial de libertação da "armadilha da pobreza" descrita por Duflo, Greenstone, e Hanna (2008) é um resultado potencial excitante. O desenvolvimento económico e o seu potencial para um impacto directo na saúde seria mais um dos impactos de grande alcance dos efeitos do projecto de fogão.

d)   Apoio Governamental e Não-Governamental

A Nigerian Alliance for Clean Cookstoves é uma empresa pública privada que procura entregar 10 milhões de cozinheiros a lares e instituições nigerianas até 2020. A Aliança trabalha com parceiros públicos, privados e sem fins lucrativos para aumentar o acesso a fogões limpos na Nigéria, desenvolvendo mecanismos de financiamento inovadores para que os nigerianos possam comprar um fogão limpo e apoiar a garantia e padrões de qualidade, trabalhando com centros de investigação, empresas de fogões e a Organização Standard da Nigéria para assegurar que apenas fogões limpos de alta qualidade sejam certificados para o mercado nigeriano. A Aliança também trabalha com o Governo Federal da Nigéria para desenvolver políticas de apoio ao mercado de fogões de cozinha limpos, comunicar o valor da cozinha limpa na pastagem e completar projectos de demonstração bem sucedidos que proporcionem benefícios tangíveis aos pobres da Nigéria. Há também organismos governamentais que aderiram à Aliança. São eles: Ministério Federal da Saúde, Ministério Federal do Ambiente, Ministério Federal das Mulheres, Comissão de Energia da Nigéria, e Centro Internacional de Energia, Ambiente e Desenvolvimento.

3. DESAFIOS

a. Barreiras institucionais

Um factor chave que influencia a implementação do programa de cozinheiros melhorados, em qualquer lugar, é a infra-estrutura institucional existente. Questões importantes são a disponibilidade de centros de Investigação e Desenvolvimento, locais de sensibilização e formação, troca de tecnologia e informação, criação de redes, mecanismo de monitorização a vários níveis (certificação e controlo de qualidade), instituição promocional liderada por uma agência governamental, ONG/parceria privada, estrutura semi-governamental, e agências de empresas privadas totalmente comerciais e de apoio e serviços pós-venda.

Existem quatro tipos de estruturas institucionais entre os programas de cozinheiros melhorados: Instituição liderada por uma agência governamental, ONG/parcerias privadas, estrutura semi-governamental, e empresas privadas totalmente comerciais. O envolvimento do governo local é importante, do ponto de vista da realização geral dos objectivos do programa. Tal envolvimento tem acrescentado benefícios na formulação de políticas, coordenação a nível local, sensibilização eficaz e monitorização. Considerando que o papel dos empresários e das ONG pode ser útil na sensibilização, estabelecimento de um mercado comercial e prestação de apoio e serviços pós-venda. A estrutura institucional para a utilização alternativa do poder das mulheres é também importante para afastar as mulheres do seu papel tradicional de recolha de madeira.

b. O fogão de cozinha melhorado é um conceito integrado

O fogão de cozinha não funciona isoladamente e não é apenas uma questão tecnológica, mas está estreitamente relacionado com as práticas humanas diárias. É parte integrante do desenvolvimento humano. A importância de salas bem ventiladas, o posicionamento dos fogões de cozinha em casa, o padrão de comportamento das mulheres que cozinham, os métodos de cozedura e o produto a ser cozinhado desempenham um papel importante na elaboração de fogões de cozinha melhorados. Deixar entrar o ar limpo para combustão, bem como expelir o escape pós-combustão da forma mais eficiente, são o aspecto crítico do fogão de cozinha melhorado. A capacitação, a sensibilização para estas questões, se não fosse empreendida, o fogão de cozinha continuaria a ser simplesmente uma questão tecnológica sem "dimensão humana" para a questão.

c. Barreiras económicas e financeiras

O preço de um fogão limpo é um grande obstáculo para a implementação bem sucedida do programa.

Embora no final os fogões melhorados poupem dinheiro, o investimento inicial necessário pode impedir as pessoas pobres de comprar o fogão. A vida útil de um fogão é também um factor importante para os compradores. Para resolver estas questões são possíveis várias opções, tais como serviços de microfinanças, empréstimos, e incentivos financeiros e emprego alternativo para as mulheres. As microfinanças podem ajudar a superar os custos de investimento inicial. Além disso, os canais de comercialização das instituições de microfinanças existentes são úteis para a distribuição de fogões de cozinha. Muitas outras potenciais fontes de financiamento chave, tais como "Fundo para o Ambiente Global", "Fundos de Investimento Climático", e "Sociedade Financeira Internacional" estão disponíveis a partir de onde os pacotes de microfinanciamento podem ser concebidos.

Para a redução do custo inicial, é necessário um incentivo como a renúncia fiscal no fabrico. Outros

As medidas poderiam ser como o pagamento antecipado de subsídios ao fabricante; empréstimos de microcrédito a empresas, empresários e grupos de auto-ajuda, para fabricar/vender cozinheiros; e

Compra avançada garantida de fogões para as próprias empresas do governo. A vida útil de um fogão de cozinha é também um factor importante para os compradores.

d. Obstáculos   políticos

Vários governos fornecem subsídios de capital para combustíveis domésticos competitivos, tais como o GPL e o Querosene, o que leva à distorção dos preços no uso doméstico de combustíveis. A rede de distribuição do GPL e do Querosene é ineficiente. O governo pode ajudar na formulação de um quadro político, que fornece incentivos aos operadores do sector privado, ao grupo de auto-ajuda das mulheres para se dedicarem à produção, distribuição, e venda de fogões melhorados. Os elementos de um tal quadro político podem incluir; apoio técnico, formação, e assistência em estudos de mercado.

e. Barreiras sociais e comportamentais

É necessário desenvolver cozinhas de alta qualidade adequadas à produção em massa, mas os utilizadores têm de ser envolvidos nas fases iniciais do programa, a fim de assegurar a compatibilidade com as práticas locais. A participação das mulheres é outra componente essencial de um programa bem sucedido. As pessoas da aldeia têm um ciclo de vida que seguem de forma muito religiosa. Qualquer intervenção sem compreender os seus hábitos, padrões de comportamento e psicologia não conduzirá ao sucesso de qualquer projecto. É muito difícil pedir-lhes que mudem os seus hábitos, pelo que qualquer intervenção deve enquadrar-se no seu ciclo de vida.

f. Barreiras de Informação e Interacção da Rede

O factor que limita a difusão da tecnologia na sociedade é a informação e o consumidor que já utiliza a tecnologia é a fonte de informação mais fiável. Vários relatórios de investigadores sugerem uma "abordagem de interacção próxima centrada nas pessoas", como medida para uma divulgação eficaz. A monitorização do desempenho dos fogões é uma componente inevitável de qualquer programa de fogões melhorado, uma vez que a informação relacionada com o desempenho dos fogões é essencial para a concepção da próxima geração de fogões. Para uma melhor difusão tecnológica, o governo pode iniciar programas de capacitação; como a troca de informação de sensibilização e programas de ligação em rede no seio das comunidades para a disponibilidade de recursos de combustível, necessidade de uma exploração sustentável da madeira e benefícios de fogões melhorados.

g. RECOMENDAÇÕES

Recomendarei a criação de uma conferência para todos os intervenientes nos sistemas políticos do Governo, desde o nível nacional até ao nível da raiz da relva, para realizar conferências duas vezes por ano e estabelecer orçamentos e monitorização consistente para tornar o melhor sistema de cozedura da madeira disponível para as pessoas da sociedade de uma forma maciça e rápida.

4. EXPANSÃO

Isto pode ser alcançado através de várias estratégias, tais como educação e sensibilização da comunidade, porque a maioria do grupo alvo é analfabeta e o contacto teria de ser directo. A introdução de uma nova tecnologia que afecta o núcleo das tarefas domésticas teria de ser muito convincente e a opção de fazer perguntas, demonstrações e experimentá-las por si próprio, etc., seria muito importante. A educação sobre boa gestão da cozinha e práticas de cozinha eficientes deveria ser acompanhada de informação sobre os benefícios para a saúde e a poupança. Questões como a higiene da cozinha, saúde, tabagismo, segurança das crianças, etc., deveriam andar bem de mãos dadas com discussões sobre práticas culinárias e redução da poluição nociva do ar interior. A cooperação com o governo local, ONG e associações locais numa abordagem comum ajudaria a sustentar a educação e a criar sinergias. A demonstração real de fogões e a visualização de práticas tornaria a educação sobre outras questões relacionadas mais interessante e directa. As actividades de sensibilização deveriam ser dirigidas a um público muito mais vasto do que os participantes directos do projecto. A fim de assegurar uma colaboração local contínua, deveria ser prestada assistência na construção de relações entre fabricantes, funcionários das autoridades locais (assembleias distritais, comissões florestais e EPA e terceiros, tais como as instituições locais de crédito e poupança (microfinanças). A ONG de energia com sede em Tamale, New Energy, seria um parceiro lógico para actividades de educação comunitária.

A formação de artesãos locais na concepção e construção de fogões também aumentará as hipóteses da sua aceitação e utilização, ao mesmo tempo que proporciona oportunidades de emprego. Para além da formação na produção física dos fogões, os novos fabricantes precisariam de equipamento e materiais de arranque e de conselhos sobre preços futuros, bem como de conhecimentos sobre marketing e promoção e garantia de qualidade.

a.   Fogões Solares

Visão geral

Os fogões solares térmicos ou fogões solares são aparelhos que utilizam a luz solar concentrada para aquecer alimentos. Não utilizam tecnologia fotovoltaica. São dispositivos simples, de baixa tecnologia, que vêm numa grande variedade de desenhos. Os três principais tipos de fogões solares que são de uso comum são :

1)   Panelas de cozedura, que utilizam uma disposição de reflectores planos ou curvos destinados a uma panela preta, com uma cobertura transparente à volta da panela para reduzir a perda de calor.

2)   Panelas de caixa, que utilizam uma caixa isolada com uma janela no topo e um ou mais reflectores planos apontados para dentro da caixa (Jayashree Nayak, 2016) .

3)   Panelas parabólicas, que utilizam um espelho duplamente curvo que focaliza a luz solar concentrada no recipiente de cozedura (SCI, Cuiseurs solaires: Comment Construire, employer et Apprécier, 2004). É robusto e durável. Uma desvantagem é que precisa de ser alinhada com o sol a cada 15-20 min, embora isto seja compatível com os cuidados alimentares, agitação e adição de ingredientes. O utensílio, panela ou frigideira, é geralmente um utensílio de cozinha convencional com uma superfície enegrecida. (Antonio Lecuona, 2013) (A . Harmim, 2014).

Os fogões de painel e de caixa são dispositivos de baixa potência que funcionam como um fogão eléctrico lento, enquanto que os fogões parabólicos são dispositivos de alta potência que são adequados para uma cozedura rápida a altas temperaturas. Foi compilado um catálogo abrangente de modelos de fogões solares.

4. Fogões solares Caixa e Painel desenvolvidos pela Congo Clean Cookers asbl, Goma, RDC

Os fogões solares podem ser utilizados nas zonas subsarianas para pasteurização de água, para cozinhar e mesmo para conservar e secar alimentos, não descurando os usos industriais e médicos. (SCI, Cuiseurs solaires: Comment Construire, employer et Apprécier, 2004)

Os fogões solares podem complementar - mas não se destinam a substituir - os fogões à base de combustível por duas razões simples: nuvens e escuridão. Quando a luz solar não é adequada, deve ser utilizado um método alternativo para cozinhar. (Arveson, 2016) Os fogões solares são de particular interesse porque não têm emissões, não utilizam combustíveis e podem ter um baixo custo total de propriedade (Arveson, 2016). Arveson (Arveson, 2016) descobriu que muitos locais, incluindo a maioria dos campos de refugiados, estão na África subsaariana, no Médio Oriente, Índia, e norte da China.

b. Situação nos países da África Subsaariana
O Africa Energy Outlook, um Relatório Especial da série World Energy Outlook (WEO) de 2014, mostra que mais de 620 milhões de pessoas na África subsariana (dois terços da população) vivem sem electricidade, e quase 730 milhões de pessoas dependem de formas de cozinhar perigosas e ineficientes. A utilização de biomassa sólida (principalmente lenha e carvão vegetal) é superior à de todos os outros combustíveis combinados, e o consumo médio de electricidade per capita não é suficiente para alimentar uma única lâmpada de 50 watts continuamente (WEO, 2017).

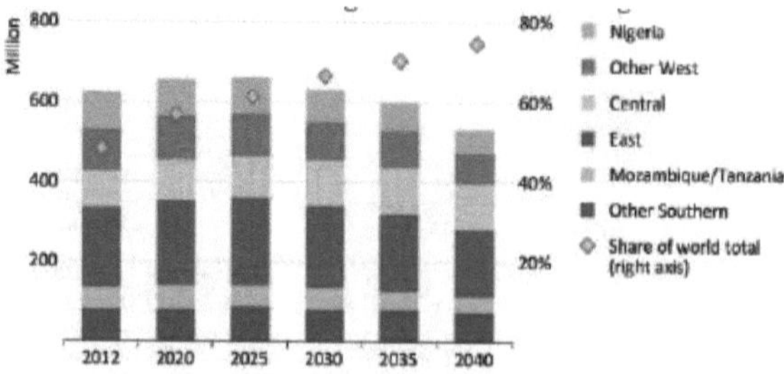

5População sem acesso à electricidade por sub-região na África subsaariana no Cenário Novas Políticas (WEO, 2017)

A procura de serviços energéticos pelas famílias em toda a África subsariana continua a aumentar juntamente com os rendimentos, mas a mistura de combustíveis utilizados é relativamente lenta a mudar. A biomassa sólida ainda representa metade do consumo final total na África Subsaariana em 2040, este valor aumenta para quase 60% se a África do Sul for excluída. O acesso a instalações de cozinha limpas abrange não só a mudança para combustíveis alternativos, mas também o acesso a melhores cozinhas de biomassa (queimadas com lenha, carvão vegetal ou pellets) que são mais eficientes e reduzem a poluição do ar doméstico. Juntos, a mudança de combustível e a disseminação de fogões melhorados conduzem a uma diminuição do número de pessoas na África subsariana sem acesso a cozedura limpa para 650 milhões em 2040 - um declínio de 10% em relação ao valor de 2012. No contexto global de uma população em crescimento, isto significa, mais positivamente, que cerca de 1,1 mil milhões de pessoas têm acesso a instalações de cozinha limpa em 2040, quase dois terços das quais vivem em áreas urbanas.

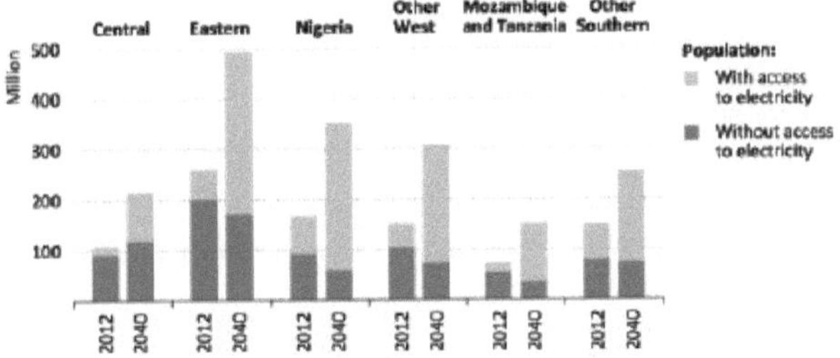

6. Distribution of solar cookers in SSA (SCI, Solar Cookers International, 2017)

6. Distribuição de fogões solares na SSA (SCI, Solar Cookers International, 2017)

WEO-2016, estima-se que mais de 2,7 mil milhões de pessoas - 38% da população mundial - tenham confiado na utilização tradicional de biomassa sólida para cozinhar, tipicamente utilizando fogões ineficientes ou fogos abertos em espaços mal ventilados. O desenvolvimento da Ásia e da África subsaariana volta a dominar os totais globais. Embora o número de pessoas que dependem da biomassa seja maior na Ásia em desenvolvimento do que na África subsaariana, a sua percentagem da população é menor: 50% na Ásia em desenvolvimento, em comparação com mais de 80% na África subsaariana. No total, quase três quartos da população mundial que vive sem instalações de cozinha limpa (cerca de 2 mil milhões de pessoas) vivem em apenas dez países.

Muitas organizações nos países subsarianos constroem e distribuem fogões solares, mas é necessária uma forte parceria da SSA para acelerar a disseminação dos fogões solares nas regiões. A figura abaixo mostra o mapa das organizações da SSA. Mais detalhes são fornecidos em (SCI, Solar Cookers International, 2017).

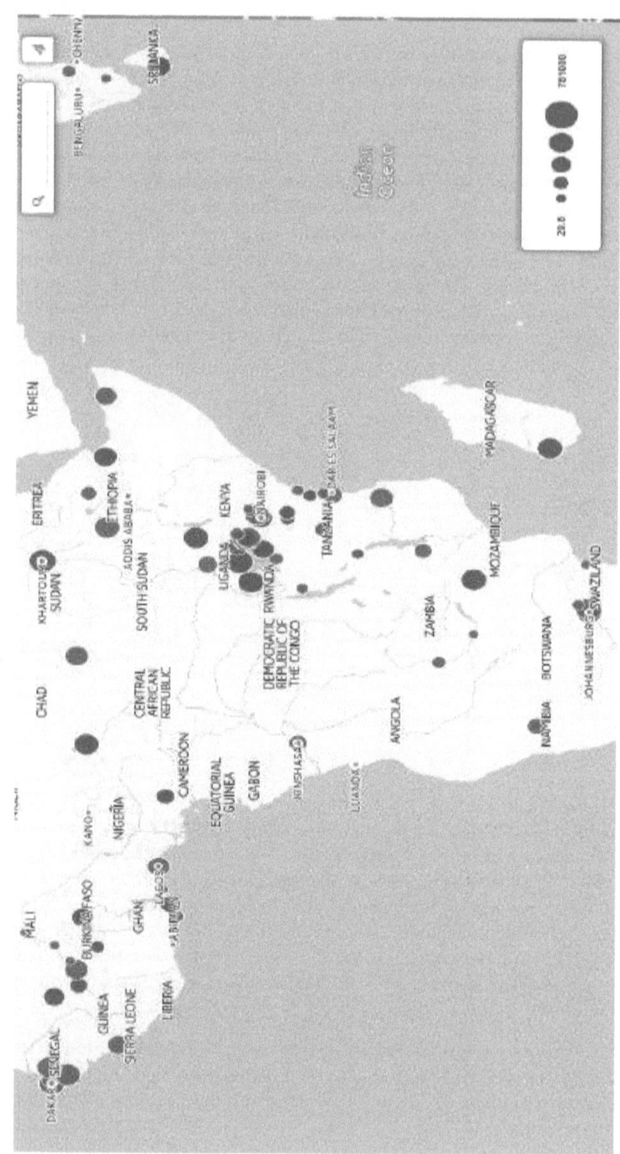

7População com e sem acesso à electricidade na África subsaariana no Cenário Novas Políticas. (WEO, 2017)

c. Desafios e Oportunidades

Os fogões solares podem aliviar as famílias dos problemas relacionados com a cozinha associados à madeira e à biomassa de uma forma sustentável (Antonio Lecuona, 2013). O potencial de

utilização   é   muito   grande;
A cozinha solar é também um bom recurso para os campos de refugiados e para edifícios
avançados com energia quase nula.

A tecnologia de cozedura solar pode ser uma das opções atractivas nos países em
desenvolvimento, capaz de satisfazer a procura de energia de cozedura com a minimização da
emissão de CO_2 em todo o mundo. Nandwani (Nandwani, 1996) realizou um estudo sobre os
benefícios ecológicos dos fogões solares na Costa Rica e no mundo inteiro, e depois comparou as
vantagens e limitações dos fornos solares com lenha convencional e fogões eléctricos. O período
de amortização de um forno solar comum de tipo caixa quente, mesmo que usado 6-8 meses por
ano, é de cerca de 12-14 meses; cerca de 16,8 milhões de toneladas de lenha podem ser poupadas
e a emissão de 38,4 milhões de toneladas de CO_2 por ano também pode ser evitada de acordo
com os resultados (F. Yettou, 2014).

Hernandez e Huelsz (Hernandez-Luna G, 2008) apresentou a optimização da concepção
optogeométrica de um forno solar para a zona intertropical. O teste de cozedura demonstrou que
o protótipo do forno, que necessita apenas de quatro movimentos simples ao longo do ano, é
adequado para cozinhar três refeições básicas mexicanas. Foi estimado que o forno construído
pode poupar uma quantidade potencial de lenha de 850 kg por ano (F. Yettou, 2014).

F. Yettou (F. Yettou, 2014) delineou que a utilização do fogão solar não rastreável resultaria
numa libertação reduzida de CO_2 para o ambiente. Os recursos de energia renovável
desempenharão um papel importante no futuro do mundo; o desenvolvimento de sistemas de
fogão solar permitirá satisfazer as necessidades de energia de cozedura e resolver alguns
problemas graves relacionados com a cozinha tradicional, especialmente nos países em
desenvolvimento.

Beena Yadav et al. (Beena Yadav, 2009) investigou a atitude das mulheres nas zonas rurais da
Índia, e fundou que 56% do total dos inquiridos tinham uma atitude neutra em relação à panela
solar, enquanto 31% tinham uma atitude desfavorável e 13% expressaram uma atitude favorável
em relação a esta tecnologia. E concluiu que a atitude neutra dos inquiridos precisava de ser
persuadida e motivada para mudar a sua atitude em relação ao lado favorável.

4. Recomendações
1. Aumentar a parceria na organização da SSA para facilitar o intercâmbio, e tornar os materiais
disponíveis localmente

2. Investir na I&D em tecnologias de fogões solares, tecnologias melhoradas de fogões a lenha e
Biomassa. É necessária uma transferência de tecnologias de países do Norte e da Ásia para a SSA.

4.1 Geração de biogás
4.4.1. Panorâmica geral
Uma enorme quantidade de resíduos gerados em cada lar, e esta proporção é diferente de acordo
com o nível de vida do próprio país, onde a quantidade de resíduos gerados nos países em
desenvolvimento é muito inferior à dos países industriais, por exemplo, nos EUA a produção
normal de resíduos varia cerca de 2,10 kg/capita/dia em comparação com a produção normal no
Haiti, que é de 0,21 kg/capita/dia (Philippe, 2009)enquanto num artigo diferente, publicado pelo
banco mundial em 2008, que mostra a composição dos resíduos por rendimento no mundo, que
mostra que a percentagem de resíduos orgânicos em países de baixo rendimento é de 64% em
comparação com 28% em países de alto rendimento (WorldBank, 2008, p. 18). A produção de
resíduos foi considerada uma questão até ao século 20th , onde os cientistas começaram a pensar
em como utilizar especialmente os resíduos orgânicos, uma vez que outros resíduos podem ser
reciclados, reutilizados ou recuperados, até encontrarem a capacidade de digerir os orgânicos em

condições anaeróbias a digestão pode ser feita através de quatro passos principais, auxiliados por um tipo diferente de microrganismo. Em primeiro lugar, as bactérias hidrolíticas alimentam-se dos complexos hidratos de carbono e proteínas dos resíduos orgânicos, para os decompor em glicosídeo e peptídeo para os alterar para glicose e aminoácidos mais solúveis. Segundo, as bactérias fermentativas, que podem utilizar tanto oxigénio como condições anaeróbias, alimentam-se destas matérias solúveis, para oxidar aos ácidos orgânicos, depois, em terceiro lugar, vêm as bactérias acetogénicas que transformam as ligações de carbono em acetatos ácidos. Finalmente, as bactérias metanogénicas fermentam o acetato para produzir CH_4(Lim, 2016)onde é produzido biogás com uma composição de 50-70% (por volume) de metano e 25-40% (por volume) de dióxido de carbono com alguns vestígios de amoníaco, vapor de água e sulfureto de hidrogénio (Singh KJ, 2004).

Nos países da África Subsaariana, a disponibilidade de unidades de biogás não era uma nova tecnologia onde, no Quénia, o biogás foi apresentado pelos colonos brancos entre 1950-1958 através da Tunnel Technology Limited, que é uma empresa privada, e depois iniciaram a construção de unidades de biogás em diferentes partes do país, também o biogás espalhado na Tanzânia data dos anos 1975, onde a Small Industries Development Organization (SIDO) construiu 120 unidades flutuantes no distrito de Arusha. Também no Ruanda, as primeiras unidades de biogás foram introduzidas pelo consultor de biogás do Nepal que foi convidado da FAO em 1982 e em 1985 conseguiu construir mais de 150 unidades de biogás de capacidade média de 8-20 m^3 , por último mas não menos importante no Uganda, a tecnologia do biogás remonta à década de 1970 mas devido à falta de tecnologias, investigação e manutenção, as unidades de biogás enfrentaram muitas décadas de fracasso e o seu governo não se preocupou em investigar o problema ou mesmo resolvê-lo (Jecinta Mwirigi a, 2014). Uma revisão produzida (Anthony Manoni Mshandete, 2009) declarou a quantidade de unidades de biogás em África onde o Botswana, Egipto, Etiópia, Gana, África do Sul, Tanzânia e Ruanda aplicaram mais de 500 unidades de biogás de pequena/média escala, enquanto que o Zimbabué, Burundi e Quénia aplicaram de 100-500 unidades de biogás, e também a organização SNV produziu no seu artigo em 2012 que o progresso de África desde 2008 foi de 4.733 unidades até 2010 e no primeiro semestre de 2011 aplicaram 3.501 unidades. Isto pode estar a aumentar no progresso tecnológico, mas em comparação com a Índia - 4,4 milhões de unidades e a China 40 milhões de unidades, há muito mais trabalho a ser feito em África (SNV, 2012). Além disso, a adopção de tecnologia de biogás na África subsaariana continua devido aos esforços da Iniciativa Africana de Biogás, pois desde 2010, o Quénia construiu mais de 2000 unidades de biogás através desta iniciativa, o que representa um aumento significativo em relação às 800 unidades fabricadas entre meados de 1950 e 2006. No entanto, o aumento das unidades de biogás na ASS ainda está atrasado em relação às estimativas. No entanto, agora um estudo de viabilidade (Jecinta Mwirigi a, 2014) pela Winrock International projetou um potencial de instalação de 100.000 plantas no Uganda entre 2009 e 2011. Mesmo esta é uma taxa de instalação muito mais lenta em comparação com a taxa de instalação na Ásia desde que o Nepal tem o número máximo de digestores de biogás per capita em mais de 200.000 digestores instalados desde o início do seu Programa de Apoio ao Biogás (BSP) sob a Organização para o Desenvolvimento dos Países Baixos (SNV) em 1992, no entanto, a Iniciativa Africana para o Biogás visa construir 2 milhões de unidades de biogás em África até 2020 com uma operação de 90%. (WimJ, 2007).

A energia produzida a partir da digestão anaeróbica é variável, pois depende das condições e da composição da matéria-prima (Mata-Alvarez J, 2000)mas o poder calorífico é tipicamente de 21-24 MJ m^3 , e a eficiência térmica pode atingir 75% em comparação com 38-50% para a pirólise e 11% para a queima de estrume (Omer AM, 2003). No entanto, em livro publicado por Subedi M, Matthews em 2014 (Subedi M, 2014) calculou que o estrume de gado só pode produzir biogás que é para reduzir a procura nacional de combustível de madeira em cerca de 21% e causará uma redução da desflorestação de 23%. Por exemplo, na Nigéria, o substrato para que a produção de biogás seja viável pode conter estrume, alface aquática, jacinto de água, folhas de mandioca, e processamento de resíduos urbanos, resíduos sólidos domésticos e industriais, para além de aparas agrícolas e esgotos, estimando que a Nigéria pode produzir cerca de 227.500 toneladas de resíduos animais frescos todos os dias. E como 1 kg de resíduos animais produz cerca de 0,03 m^3 de biogás, embora a Nigéria possa potencialmente produzir cerca de 6,8 milhões de m^3 de biogás todos os dias a partir apenas de resíduos animais. (Anthony Manoni Mshandete, 2009)Além disso, o Banco Mundial estava a trabalhar num livro que sugere a utilização anual de 5 GJ de energia útil como padrão para medir o nível de vida no desenvolvimento de bicondernos. (O'Sullivan & Barnes, 2007)Este é um consumo diário correspondente de cerca de 16 MJ ou 10 kg de forno de biomassa seca utilizando as tradicionais três fogueiras de pedra a céu aberto, será a quantidade de energia suficiente para cozinhar alimentos para uma família média de seis em todas as tecnologias utilizadas.

A geração de biogás (Anaeróbio) digere todos os resíduos orgânicos que dentro do lar poupa tempo e esforço necessários em caso de fogões a lenha normais utilizados para recolher lenha e cozinhar, além disso os digestores de biogás têm outro uso benéfico, a produção de fertilizantes, o bio-correio produzido a partir do digestor poderia ser utilizado em diferentes utilizações como queima de estrume e compostagem, contudo a compostagem inibe a utilização de resíduos no fornecimento de energia, uma vez que não existe uma forma fácil de aproveitar a energia térmica produzida de modo a ser utilizada na cozinha. De forma correspondente, estes fertilizantes produzidos são muito ricos em nutrientes disponíveis (Gutser R, 2005), pois converte azoto numa forma instantaneamente disponível, fornecendo um fertilizante que pode ser útil quando as culturas mostram sinais de défice. Além disso, falta carbono durante a digestão anaeróbia cerca de 69-80% em comparação com as perdas ligeiramente inferiores durante a compostagem de 52-74%. (Bernal MP, 1998). No entanto, os compostos de carbono em bio-corrosão são menos estáveis do que nos compostos, mas isto resulta em taxas de sequestro de carbono mais baixas, em comparação com a incorporação de resíduos frescos. Outro benefício para a digestão anaeróbia é que o processo de tratamento não está aberto ao ambiente, mais resíduos orgânicos, como excrementos humanos, podem ser adicionados ao digestor, o que aumentará o conteúdo de carbono no chorume, e assim, com a mesma matéria prima, a digestão anaeróbia preservará 1,2 a 2,5 vezes mais N no chorume do que no composto (Kirchmann H, 1994). No entanto, a adição de excrementos humanos ao bio-slurry de mesmo utilizando águas residuais na irrigação, mas é necessário mais trabalho para examinar a segurança do slurry depois de adicionar os excrementos humanos, uma vez que são ricos em agentes patogénicos onde os organismos patogénicos podem deteriorar-se rapidamente no solo devido à radiação ultravioleta e ao calor gerado pela luz solar. (Keraita B, 2007) Verificou-se que se a irrigação terminar alguns dias antes da colheita e a precipitação for mínima, o risco de infecção fecal em vegetais de folhas no Gana é reduzido para níveis de segurança para os padrões humanos. Mas embora a eficiência varie entre solos e climas, os agentes patogénicos passados dos resíduos pela chuva ou irrigação também podem degradar-se no solo, reduzindo então os riscos de contaminação do solo e das águas subterrâneas. (H., 2001). As ameaças existentes pela aplicação de resíduos não tratados aos solos dependem do conteúdo patogénico e da frequência da aplicação, enquanto que a densidade da população aumenta, o pré-tratamento dos resíduos antes da sua utilização aos solos torna-se mais importante, uma vez que a digestão ou compostagem consecutiva pode ser necessária quando o bio-slurry é submetido a culturas alimentares, muitas experiências validaram as propriedades físicas e químicas do solo melhoradas após alguns anos de sujeição dos efluentes digestores, onde o rendimento total das culturas foi 11-20% melhor do que nos controlos (Marchaim, 1992).

4.4.2. Vista Técnica do Digestor de Biogás

Os digestores anaeróbicos de biogás estão principalmente divididos em dois tipos, embora tenham muitos tipos de digestores sob o guarda-chuva dessas duas categorias principais, mas no livro publicado por (Azeem Khalid a, 2011) introduziram muitos tipos de digestores e estudaram os seus substratos e as suas taxas de carga orgânica que se resumem a seguir no quadro 1.

No entanto, como introduzido anteriormente, os biodigestores podem ser resumidos em duas categorias principais, que são os tipos de cúpula fixa e flutuante:

Quadro 1 Diferentes tipos de reactores biológicos utilizados para a digestão anaeróbia

Bioreactor type	Type of substrate	Organic loading rate [kg/m^3/d]	Comments	References
Anaerobic sequencing batch bioreactor	Fruit and vegetable waste and abattoir wastewater	2.6	A decrease in biogas production was observed due to high amount of free ammonia at high organic loading rate (OLR)	Bouallagui et al. (2009b)
Continuously stirred tank reactors	Municipal solid waste	15	The reactor showed superior process performance as the OLR progressively increased up to 15 kg/m^3/d	Angelidaki et al. (2006)
Full-scale anaerobic digester	Industrial food waste	17	Methane yield of 360 l/kg feed waste with 40 days retention time was observed	Ike et al. (2010)
Integrative biological reactor	Kitchen waste	8.0	Integrative biological reactor showed the best performance and biogas production rate was higher than the single reactor	Guo et al. (2011)
Laboratory-scale semi continuous reactors	Municipal solid waste and press water from municipal composting plant	20	The reactor performance for biogas production was higher up to 20 OLR but further increase in OLR did not affect the biogas production	Nayono et al. (2010)
New starch based flocculant-anaerobic fluidized bed bioreactor	Primary treated sewage effluent with or without refractory organic pollutants	43	The efficiency and microbial activity at high OLR was higher than conventional anaerobic fluidized bed bioreactor	Xing et al. (2010)
Rotating drum mesh filter bioreactor	Municipal solid waste	15	The reactor proved to be stable and helpful in mixing the waste at high OLR, which is usually not possible in mechanically stirred digesters	Walker et al. (2009)
Self mixing anaerobic digesters	Poultry litter	16	Self mixing at high OLR and high biomethanization of the poultry litter was observed	Rao et al. (2011)

Submerged anaerobic membrane bioreactor	Sewage sludge, food waste and livestock wastewater	1.8	The reactor showed unstable performance during the initial stage, but performed superior after acclimation formation	Jeong et al. (2010)
Two-phase anaerobic semi-continuous digester	Olive mill wastewater and olive mill solid waste	14	The best performance in terms of methane productivity, soluble COD and phenol removal efficiencies and effluent quality was observed	Fezzani and Cheikh (2010)
Two stage anaerobic hydrogen and methane production reactor	Organic waste	3.0	Compared to a single-stage methanogenic reactor, 11% higher energy was achieved	Luo et al. (2011)
Up flow anaerobic solid-state bioreactor	Mixture of maize silage and straw	17	The UASS reactor showed the highest methanogenic performance for the digestion of solid biomass	Mumme et al. (2010)

However as introduced before, bio-digesters can be summarized into two main categories, which are fixed and floating dome types:

I. Tipo cúpula flutuante

Este consiste principalmente num digestor ou poço para fermentação e num tambor flutuante para a recolha de gás. O digestor tem 3,5-6,5 m de profundidade e 1,2 a 1,6 m de diâmetro. Há uma parede divisória no centro, que divide o digestor verticalmente e submerge no chorume quando este está cheio. O digestor é ligado à entrada e à saída por dois tubos. Através da entrada, o estrume é misturado com água (4:5) e carregado para o digestor. O material fermentado sairá através do tubo de saída. A saída é geralmente ligada a um poço de compostagem. A geração de gás tem lugar lentamente e em duas fases. Na primeira fase, o complexo, substâncias orgânicas contidas nos resíduos são actuadas por um certo tipo de bactérias, chamadas formadoras de ácidos e decompostas em ácidos simples de cadeia pequena. Na segunda fase, estes ácidos são actuados por outro tipo de bactérias, chamadas formadores de metano e produzem metano e dióxido de carbono.

Em anexo encontra-se um suporte de gás em que um tambor construído com chapas de aço macio. Este é cilíndrico em forma de concavidade. A tampa é suportada radicalmente com ferro angular. O suporte encaixa no digestor como uma rolha. Afunda-se no chorume devido ao seu próprio peso e repousa sobre o anel construído para o efeito. Quando é gerado   gás,   o suporte sobe e flutua livremente sobre a superfície do chorume. É fornecido um tubo guia central para evitar que o suporte se incline. O suporte também actua como vedação para o gás. A pressão do gás varia entre 7 e 9 cm de coluna de água. Em condições de lençol freático pouco profundas, o diâmetro adoptado do digestor é maior e a profundidade é reduzida. O custo do tambor é de cerca de 40% do custo total da planta. Exige uma manutenção periódica. O custo unitário do modelo KVIC com uma capacidade de 2 m3/dia custa aproximadamente 220$.

II. Tipo cúpula fixa

Este tipo foi desenvolvido em 1984, pela Food Production (AFPRO), uma ONG sediada em Nova Deli, Índia, foi feito para reduzir para metade o custo do tipo de cúpula flutuante, de modo a poder adaptar-se aos custos de vida mínimos e estar disponível para todos. A redução de custos foi alcançada através da minimização da área de superfície através da ligação dos segmentos de duas esferas de diferentes diâmetros nas suas bases. O custo de uma planta de cúpula fixa com uma capacidade de 2 m3/dia é de cerca de 125$. A instalação fixa de biogás tem uma cúpula fixa hemisférica do tipo de suporte de gás, ao contrário da cúpula flutuante. A cúpula é feita de ferro-cimento pré-fabricado ou betão armado e fixada ao digestor, que tem um fundo curvo. O chorume é alimentado a partir de um tanque de mistura através de um tubo de entrada ligado ao digestor. Após a fermentação, o biogás recolhe-se no espaço sob a cúpula. É retirado para utilização através de um tubo ligado à parte superior da cúpula, enquanto a lama, que é um subproduto, sai por uma abertura na lateral do digestor. Cerca de 90% das instalações de biogás na Índia são do tipo fixo.

Figure 8 Fixed Dome type biogas plant

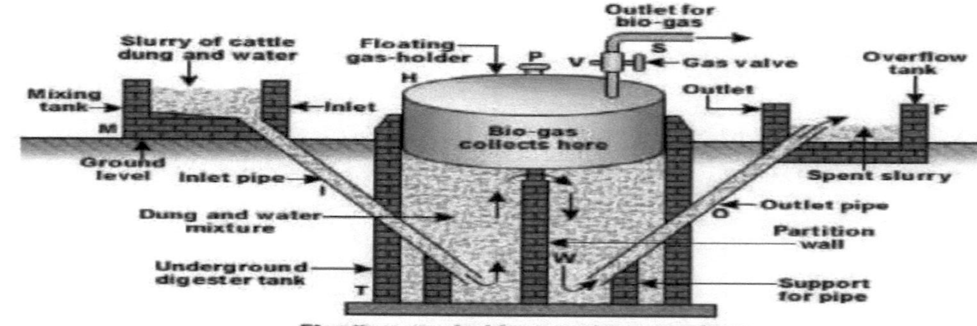

Figura 8 Instalação de biogás de tipo cúpula fixa

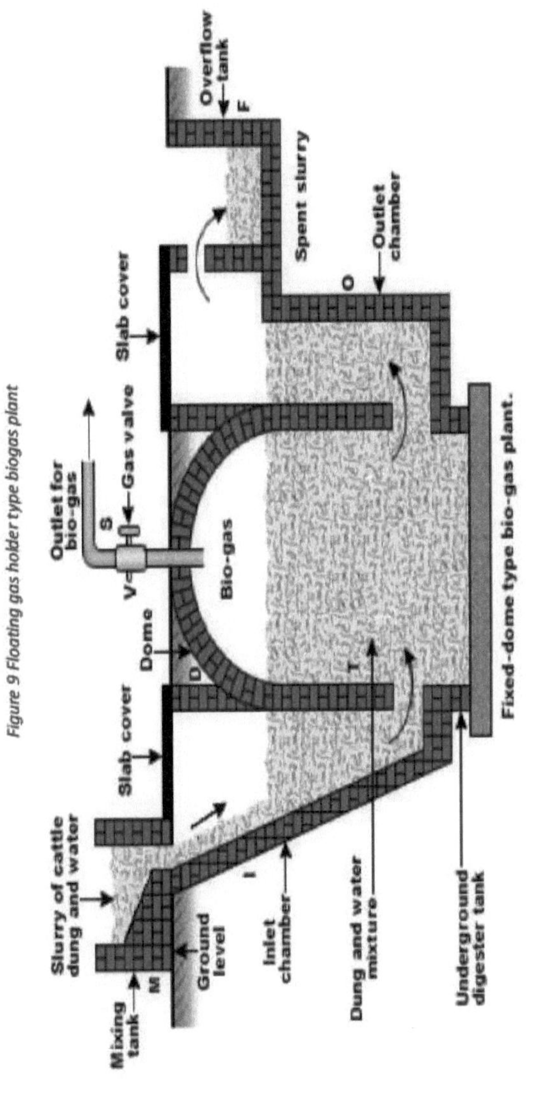

Figura 9 Instalação de biogás tipo suporte de gás flutuante

4.2.1. Biodigestores Substratos e co-substratos

Os digestores de biogás trabalham por diferentes tipos de substratos e co-digestores que facilitam as condições anaeróbias, num livro de resenhas (Azeem Khalid a, 2011) resumiram os substratos disponíveis e a taxa de produção de biogás e a sua produção de metano, como se pode ver no quadro 2.

Quadro 2 Taxas relativas de produção de biogás e produção de metano a partir da co-digestão de resíduos sólidos orgânicos

Substrate	Co-substrate	Biogas production rate (l/d)	Methane yield (l/kg VS*)	Comments	References
Cattle excreta	Olive mill waste	1.10	179	The co-digestion system produced 337% higher biogas than that of excreta alone	Goberna et al. (2010)
Cattle manure	Agricultural waste and energy crops	2.70	620	Significant increase in biogas production from the co-digestion was observed	Cavinato et al. (2010)
Fruit and vegetable waste	Abattoir wastewater	2.53	611	The addition of abattoir wastewater to the feedstock increased biogas yield up to 51.5%	Bouallagui et al. (2009a)
Municipal solid waste	Fly ash	6.50	222	Application of fly ash significantly enhanced biogas production rates of the municipal solid waste	Lo et al. (2010)
Municipal solid wastes	Fat, oil and grease waste from sewage treatment plants	13.6	350	Co-digestion resulted in an increase of 72% in biogas production and 46% methane yield in comparison with municipal solid waste	Martin-Gonzalez et al. (2010)
Pig manure	Fish and bio-diesel waste	16.4	620	Highest biogas production rate was obtained by a mixture of wastes	Alvarez et al. (2010)
Potato waste	Sugar beet waste	1.63	680	Co-digestion improved methane yield up to 62% compared to the digestion of potato waste alone	Parawira et al. (2004)
Primary sludge	Fruit and vegetable waste	4.40	600	Co-digestion produced more biogas as compared to primary sludge alone	Gomez et al. (2006)
Sewage sludge	Municipal solid waste	3.00	532	Biogas production of the mixtures increased with increasing proportions of the municipal solid waste	Sosnowski et al. (2003)
Slaughter house waste	Municipal solid waste	8.60	500	Biogas yield of the co-digestion systems doubled that of the slaughter house waste digestion system	Cuetos et al. (2008)

* VS: Volatile solids.

Da tabela anterior podemos notar que o estrume de suínos, para além dos bio-resíduos, deve ser considerado a taxa de produção mais elevada a 16,4 l/d, em comparação com os resíduos de batata com resíduos de beterraba sacarina, por exemplo com uma taxa de produção de 1,63 l/d.

A digestão anaeróbia é um processo biológico que necessita das condições óptimas para funcionar eficientemente através das suas quatro fases principais, como foi discutido anteriormente. Muitos cientistas fizeram experiências para descrever os principais factores que afectam o processo de digestão e como optimizá-lo para a máxima produção de biogás, e aqui abaixo haverá explicação para alguns dos factores mais importantes:

a. Temperatura

A digestão anaeróbia é um processo exotérmico em si mesmo, onde a temperatura normal do chorume aumenta com o tempo e também o tipo de microorganismo é uma bactéria mesosfílica que funciona a melhor temperatura operacional foi de 35 C com um período de digestão de 18 dias enquanto uma pequena flutuação na temperatura de 35 C para 30 C causa uma diminuição na taxa de produção de biogás (Chae, 2008).

b. pH

No entanto, muitos cientistas relataram uma gama de valores de pH que descreve as condições óptimas para a digestão anaeróbia. (Liu, 2008) mostrou que a gama mais satisfatória de pH para atingir o rendimento máximo de biogás na digestão anaeróbia é de 6,5-7,5.

c. Conteúdo de humidade

(Bouallagui, 2005) Tem relatado que as melhores taxas de produção de metano ocorrem a 60-80% de humidade onde estudaram os processos de metanogénese na digestão anaeróbica para vários níveis de humidade.

d. Relação C/N

A relação C/N na matéria orgânica desempenha um papel crucial na digestão anaeróbica. Os nutrientes desequilibrados são considerados como um factor importante que limita a digestão anaeróbica dos resíduos orgânicos, (Weiland, 2006) declarou que a relação C/N de 20-30 pode fornecer nitrogénio suficiente para o processo.

e. Nitrogénio

O azoto é necessário para a síntese de proteínas e é principalmente necessário como nutriente para as bactérias na digestão anaeróbia, onde os compostos azotados nos resíduos biológicos são geralmente proteínas que são alteradas para amónio pela digestão, (Fricke, 2007) indicou que uma proporção de nutrientes dos elementos C: N: P: S a 600:15:5:3 é considerada suficiente para a metanização, por outro lado a alta concentração de amónia pode levar à inibição do processo biológico e parar a metanogénese em concentrações superiores a aproximadamente 100 mM.

4.5 Oportunidades das Tecnologias do Biogás

A produção de biogás necessita apenas de poucos recursos para satisfazer a procura de energia de cada agregado familiar, por muito grandes que sejam os enormes benefícios gerados a partir de muitos pontos de vista diferentes, onde se consegue eliminar os resíduos desnecessários e obter uma fonte de energia uniforme e estável necessária para cozinhar a uma taxa de combustão uniforme, para além de reduzir a quantidade de emissões de partículas (Werther, Saenger, Hartge, Ogada, & Siagi, 2000)Além disso, a reserva de recursos é realizada quando os bio-resíduos são convertidos em biogás, uma vez que a conversão de resíduos orgânicos em biogás proporciona uma melhoria da eficiência de utilização dos recursos, uma vez que o chorume de biogás pode ser utilizado para melhorar o solo. Embora a competição pelos recursos seja elaborada, a produção de bio-resíduos não requer terra extra para ser depositada em aterro e não executa nenhuma procura extra em recursos naturais como as florestas. Assim, os benefícios da utilização de bio-resíduos como fonte de energia para cozinhar são claros na perspectiva da maximização da eficiência na utilização dos recursos e do declínio de muitos impactos ambientais. Além disso, o biodigestor gera uma série de potenciais benefícios para a saúde, incluindo a melhoria da saúde devido à diminuição dos níveis de fumo nas áreas de cozinhar, uma vez que podem ocorrer problemas de saúde relacionados com a infiltração de resíduos humanos no ambiente em geral, devido ao facto de as casas de banho das covas se tornarem excessivamente cheias devido à insuficiência de profundidade das covas e de as casas de banho se localizarem demasiado perto dos locais de recolha de água. Portanto, os resíduos humanos podem lixiviar para as águas subterrâneas de uma sanita de fossa operativa se localizada num solo de natureza permeável, o que leva à contaminação das águas subterrâneas e das bacias por chuvas e cheias pode resultar em doenças de poluição substanciais e pouco frequentes, uma vez que alguns dos principais agentes patogénicos humanos/animais que podem ser disseminados desta forma abrangem Salmonella typhi, Listeria monocytogenes, Staphylococus spp, Campylobacter coli, Yersinia enterocolitica, E. coli, Clostridium botulinum, Candida spp, Trichophyton spp, Rotavirus, Aspergillus spp, Cryptosporidium, Toxoplasma, micobactérias e vírus da Hepatite B e C. Muitos destes podem ser entregues entre populações humanas, também o chorume de gado hospeda uma série de agentes patogénicos, incluindo Clostridium chavoie; Ascaris ova, E. coli e Salmonella spp. tal como indicado em chorume de vaca no estado de Bauchi, Nigéria (Yongabi, 2003). Do outro lado, uma poupança financeira na compra de lenha para cozinhar e querosene para iluminação, além disso, uma poupança no tempo necessário para recolher lenha e poupança na compra de fertilizantes inorgânicos (Bedi AS, 2013)que, por sua vez, melhorará a pobreza, uma vez que muitas mulheres terão muito mais tempo para os seus filhos que podem pôr em aumentar os seus cuidados de saúde ou mesmo conseguir-lhes mais tempo para a educação, também a dona-de-casa pode obter outro emprego para aumentar o rendimento familiar.

4.6 Desafios enfrentados pela tecnologia do biogás

Muitos desafios para aumentar a penetração das tecnologias de biogás nos países da África Subsaariana que variam entre barreiras tecnológicas e o papel dos governos locais e internacionais na regulação da utilização de materiais de queima de biomassa, mencionando a falta de infra-estruturas e de mão-de-obra qualificada devido a uma investigação e desenvolvimento insuficientes na tecnologia do biogás, abaixo estão alguns destes desafios que devem ser discutidos mais em pormenor:

a. Políticas e Regulamentos

A aplicação de tecnologias de energias renováveis depende do tipo de recursos disponíveis, razão pela qual a energia da biomassa é muito diferente das outras fontes de energia renováveis, uma vez que a energia fotovoltaica, eólica ou hídrica necessita dos recursos naturais disponíveis no país, o que também depende muito dos intermitentes sazonais. No entanto, a tecnologia do biogás depende também da disponibilidade de recursos, mas é já existente em qualquer comunidade e em qualquer país, por exemplo, os resíduos orgânicos, que são os principais responsáveis pela existência do biogás. Ao longo da década anterior, uma enorme penetração da indústria do biogás e milhões de unidades de biogás de pequena escala foram construídas especialmente na Ásia, também a maioria dos países da África subsariana começaram a aumentar a sua atenção e começaram a desenvolver projectos nacionais de biogás, principalmente em zonas rurais onde há falta de infra-estruturas para o abastecimento das outras fontes de energia. Além disso, muitas organizações sem fins lucrativos em parceria com os governos dos países estão a trabalhar para melhorar a tecnologia do biogás dentro das suas instalações, por exemplo, African Biogas Partnership Programs (ABPP) é uma das organizações que está dinamicamente envolvida na construção de digestores de biogás de pequena escala em alguns países da África Subsaariana, como o Quénia, Burkina Faso, Etiópia, Tanzânia, Uganda e Senegal que o seu trabalho está dividido principalmente em duas fases, a primeira foi entre os anos 2009-2013, quando a Etiópia conseguiu construir 14.000 digestores de biogás, dos quais 57.6% é alcançado (Mengistu, Simane, Eshete, & Workneh, 2015) em que o programa se baseia principalmente em subsídios governamentais cerca de 60% do custo total do governo e os outros 40% são do agregado familiar, mas apenas exige que o agregado familiar tenha pelo menos quatro vacas, uma vez que o estrume produzido a partir das quatro vacas é apenas suficiente para obter 2 m^3 de biogás diariamente (Eshete, Sonder, & ter Heegde, 2006). Além disso, muitos Planos de Desenvolvimento Governamentais mencionaram a necessidade de dar ênfase às energias renováveis, com referência específica à produção de biogás. Por exemplo, o Plano Nacional de Desenvolvimento do Botswana 9 refere-se à instalação de digestores domésticos e comerciais de biogás para cozinhar e produção de electricidade. Vários planos também colocam ênfase na diminuição da utilização da madeira como fonte de energia, por exemplo, Burkina Faso e Etiópia. (Jo U. Smith a*, 2015). Além disso, o Programa Parceria África Biogás ((ABPP, 2014) visa facilitar a construção de 100 mil unidades de biogás em seis países da ASS até 2017. Assim, o número de instalações de biogás cresceu significativamente nos últimos anos; em 21 de Setembro de 2014, a quantidade de digestores no Quénia era de 12.837, e na Etiópia e Tanzânia aproximava-se das 10.000, no entanto, o sucesso global e a taxa de utilização da tecnologia é significativamente menor na ASS do que na Ásia, como é óbvio. Outros dois exemplos são a iniciativa da ONU Energia Sustentável para Todos (SE4All) e os fogões da Global Alliance for Clean Cook (Global Alliance for Clean Cookstoves, 2014). No entanto, muitos dos programas de biogás não conseguiram alcançar o seu objectivo, mesmo com circunstâncias físicas e técnicas favoráveis. Tal como, o apoio da SNV Netherlands Development Organization for Senegal ao programa de incentivo à adopção de digestores de biogás em pequena escala foi retirado. (Biogás, 2014)

b.   Falta de recursos

A maioria das famílias não tem recursos suficientes para produzir os resíduos orgânicos necessários, o que está em parte ligado à posse da terra com as famílias a passarem a posse sobre as gerações seguintes por herança. As terras agrícolas disponíveis não são muito e o volume de terra nas famílias é reduzido quando a família aumenta e a agricultura de subsistência continua com baixos rendimentos, também a disponibilidade de bio-resíduos para energia é controlada suplementarmente através de estímulos desafiantes. Num estudo ugandês, (Smith J, 2013) reconheceram uma economia média de 22 minutos todos os dias gastos na recolha de madeira, mas um aumento com 34 minutos gastos na recolha de água, acrescentando à cozedura e ao tempo necessário para recolher, formular e encher o material orgânico no digestor pretendia que o tempo geralmente necessário dentro do agregado familiar fosse aumentado em 78 minutos por dia. Contudo, outros estudos que valorizam todos os benefícios e custos domésticos oferecem provas mistas, (Renwick MP, 2007) incluíram custos de tempo e benefícios de saúde nas suas avaliações, e demonstraram que a totalidade das receitas económicas que acompanham a adopção é muito grande. No entanto, se os benefícios para a saúde forem excluídos, para alguns agregados familiares o benefício global pode ser negativo.

c.   Obstáculos financeiros

Para o menor tamanho de digestor de cúpula fixa do Programa de Biogás Ruandês, o custo primário era próximo de 1,4 vezes a média anual de despesas por adulto igual para o agregado familiar médio (Walekhwa PN, 2009). O elevado custo relativo não reproduz tanto as tecnologias de biogás bem estabelecidas nos países da ASS. Contudo, num estudo que abrange a Etiópia, o Ruanda e o Uganda, (Renwick MP, 2007) taxas de retorno financeiro sugeridas (ROR) de cerca de 8-10% onde, nos agregados familiares ugandeses com digestores, o tempo de retorno baseado na redução das despesas com combustível de madeira, composto e fertilizantes foi estimado em menos de quatro anos. Outra questão financeira é o termo utilizado de concorrência de preços de combustível entre os diferentes tipos de combustível disponíveis, uma vez que o carvão ou a madeira é muito mais barato do que o GPL e o querosene, pelo que será sempre mais fácil para as famílias comprar o combustível disponível e barato.

d.   Falta de infra-estruturas

Os países da África Subsariana SSA ainda têm a questão das infra-estruturas nos seus países como vias rodoviárias que facilitam o transporte de pessoas e bens, pelo que aí os preços dos combustíveis irão variar de cidade para cidade devido ao transporte, mas para o biogás, o caso é diferente porque não precisa de transporte de bens, embora o transporte de água possa ser um problema, pelo que se recomenda o fornecimento de unidades de biogás dentro dos locais onde há uma descarga de terra agrícola, de modo a minimizar o uso de água. Por outro lado, a partir das infra-estruturas, é a mão-de-obra qualificada que pode manter a tecnologia e fazer a manutenção periódica das unidades e para a construção em geral, onde um estudo (Bond T, 2011) que declarou que 50% do total de unidades na SSA falharam devido à falta de manutenção e de mão-de-obra qualificada que a possa manter num bom estado operacional.

e.   Obstáculos tecnológicos

O custo de capital de um fogão, no entanto, não é a única dificuldade para a adopção de fogões bem combinados com combustíveis de cozinha limpos. Muitos projectos nas décadas de 1980 e 1990 introduziram fogões de biomassa mais eficientes em muitas regiões da SSA mostraram que existem outros factores que determinam se um fogão será adoptado. Para ser preciso, conseguir um design que satisfaça os requisitos dos clientes desempenha um papel importante, uma vez que os clientes já estão incertos sobre a adopção de uma nova e estranha tecnologia. Isto é especificamente vital para o desenvolvimento da tecnologia de etanol-combustível para a qual estão a ser prontamente desenvolvidos novos modelos de fogões. A afirmação de que os consumidores têm uma preferência notável por melhores fogões de trabalho não é sensata; a eficiência não assegura a aceitação pública. Como os fogões que só são testados em laboratórios sem inquéritos públicos e acompanhados de testes de campo têm sido frequentemente mal recebidos (Barnes, 1994)Além disso, a indisponibilidade de dados nos países da ASS não está a permitir a adopção de mais investigação na região, daí uma menor aplicabilidade das tecnologias de biogás.

f.   Aceitação sócio-cultural

Os países da África Subsaariana são reconhecidos pelo facto de os homens estarem sempre encarregados de todas as decisões relacionadas com o financiamento, e também o combustível de cozinha é considerado uma das principais despesas da família africana, pelo que a decisão de mudar o tipo de combustível de cozinha não irá satisfazer a aceitação de muitas casas em África, uma vez que podem ter medo de mudar o seu estilo de vida de gosto alimentar relacionado com o tipo de combustível para cozinhar, também a má comunicação com o marido e a mulher nas comunidades africanas está a facilitar este comportamento cultural, no entanto, no caso de tomar a opinião da mulher ela pode encorajar o uso de outro tipo de combustível que lhe dará mais tempo e esforços para o seu marido e filhos e outras economias domésticas (Nicolai Schlag, 2008).

REFERÊNCIAS

- www.climatetechwiki.org/technology/imcookstoves
- https//crew.in/pdf/crew.clean-affordable-and-sustainable-cooking.pdf
(1) http://www.pluginindia.com/advantagesusesofbiogas.html
(2) http://cen.acs.org/articles/94/i19/Uphill-climb-biogas-Asia.html
(3) http://ceew.in/pdf/ceew-clean-affordable-and-sustainable-cooking.pdf
(4) http://www.conserve-energy-future.com/advantages-and-disadvantages-of-natural-gas.php

CAPÍTULO 2

a) Análise de energia renovável9U8 do Quénia

Em 2014, segundo dados do Banco Mundial, o Quénia é um país de rendimento médio inferior com um PIB per capita de cerca de 1.245 dólares americanos, uma taxa de crescimento económico de 5,1% e uma população de 44,86 milhões de habitantes (75% da população total que vive nas zonas rurais).

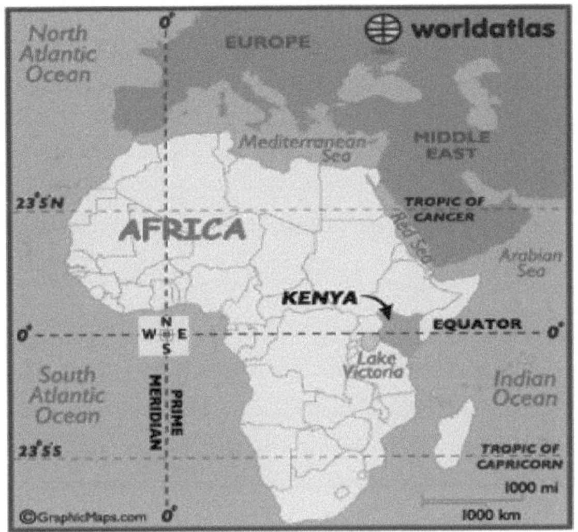

Figura 10: A posição do Quénia

O país está unificado no desenvolvimento pelo roteiro da visão 2030 que visa alcançar uma taxa de crescimento sustentável de 10 %. O sector energético é o pilar fundamental, uma vez que é necessário estar disponível para alimentar os principais projectos emblemáticos como a Cidade de Konza e a Cidade de Tatu. A energia actualmente dominante utilizada é a biomassa, com uma utilização estimada de 87%, sendo a maior parte da biomassa utilizada nas zonas rurais. No roteiro da visão 2030, é dada ênfase ao desenvolvimento e utilização de energias renováveis.

b) Cenário e potencial das energias renováveis

No roteiro para adicionar mais de 5000+ MW à rede nacional até 2020, o governo do Quénia tem-se concentrado principalmente nos recursos de energia renovável. Os recursos visados são hídricos, geotérmicos, eólicos, biomassa e energia solar. A produção de energia a partir de energias renováveis é de 5% da energia potencial. Por conseguinte, foi dada prioridade aos recursos eólicos, solares, geotérmicos e hídricos.

c) Energia geotérmica

As centrais geotérmicas no Quénia estão localizadas no vale do rift e constituem 6% da produção total de energia e 60% da fonte de electricidade à frente da energia hídrica. O país é o 9th produtor de energia geotérmica no mundo após a conclusão dos projectos de 280MW de Olkaria I e IV, elevando a capacidade instalada para perto de mais de 600 MW. É financiado pelo Banco Mundial e outros parceiros como a agência de cooperação japonesa, o Banco Europeu de Investimento e o KFW da Alemanha.

Existem actualmente 15 sítios geotérmicos cada um em diferentes fases com um potencial combinado de cerca de 10.000MW. O tempo de espera para a maioria dos sítios geotérmicos no Quénia é de 5-7 anos, o que pode ser reduzido para garantir que os sítios produzam electricidade num prazo mais curto após a sua descoberta (MoEP, 2015).

d) Produção de energia

As duas tecnologias mais utilizadas são a central eléctrica de ciclo binário e as centrais eléctricas a vapor seco directo.

e) Central de Vapor Flash

Numa central de vapor flash, fluidos hidrotermais acima de 182°C sob pressão são utilizados para produzir electricidade. O fluido é pulverizado num tanque mantido a uma pressão muito mais baixa do que o fluido, fazendo com que parte do fluido se vaporize rapidamente, ou "flash". O vapor acciona então uma turbina, que acciona um gerador. Se algum líquido permanecer no tanque, ele pode ser novamente flamejado num segundo tanque (duplo flash) para extrair ainda mais energia.

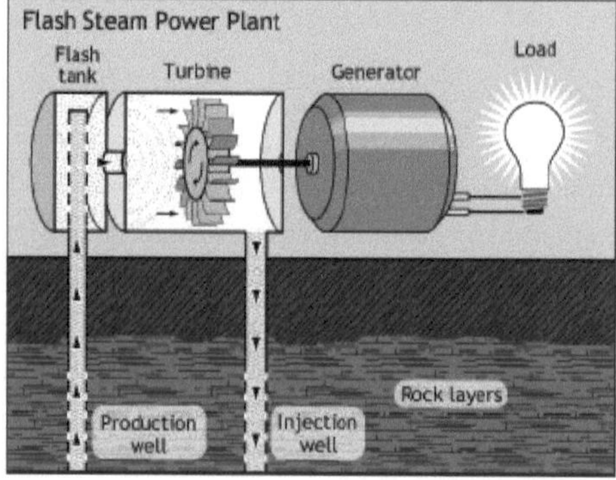

Figura 11Central eléctrica a vapor flash

Nos campos geotérmicos de Olkaria, as centrais de vapor flash são operadas pela KenGen para gerar electricidade. Este é o tipo mais comum de centrais geotérmicas.

f) Central de Vapor Binário

No processo binário, um fluido geotérmico quente e um fluido secundário com um ponto de ebulição muito mais baixo do que a água passam através de um permutador de calor (daí, "binário"). O calor do fluido geotérmico faz com que o fluido secundário flua para o vapor, que depois acciona as turbinas que alimentam os geradores. Como se trata de um sistema de ciclo fechado, praticamente nada é emitido para a atmosfera. A água de temperatura moderada inferior a 204⁰ C é de longe o recurso geotérmico mais comum, e mais utilizado em centrais geotérmicas.

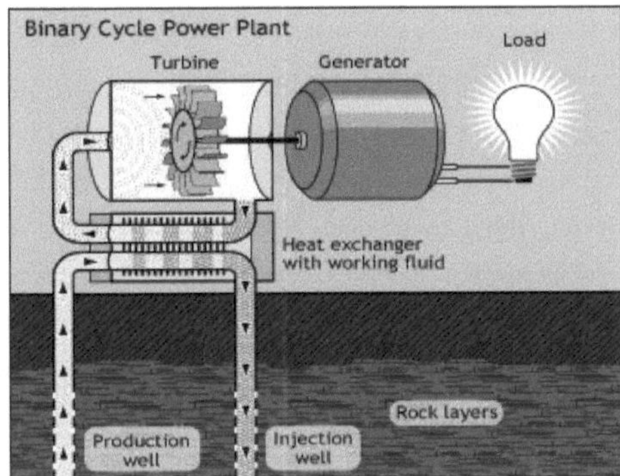

Figura 12: Ciclo Binário Central Eléctrica

No Quénia, este tipo de central geotérmica é utilizada pela Orpower4 (produtor independente de energia) nos campos de Olkaria.

Actualmente, já foi desenvolvida uma capacidade geotérmica de 594MW, compreendendo 484 MW pela KenGen (Fábrica de Vapor Flash) e 110MW pela Orpower4 (Fábrica de Vapor Binário).

g) Energia Eólica

A exploração da energia eólica no Quénia é baixa com o projecto das colinas Ngong a produzir uma afluência de 5,1 MW, sendo o maior. Contudo, a situação está prestes a mudar com vários projectos em curso através dos projectos IPP e KenGen com um potencial combinado estimado de cerca de 800MW (SREP, 2011) Existem também geradores eólicos, embora a produção de tais sistemas seja limitada. Alguns locais com elevado potencial eólico foram reservados para a criação de parques eólicos. As áreas incluem áreas de Marsabit, Laikipia, Meru e áreas offshore na região costeira. O governo nos seus esforços para mapear áreas de elevado potencial colocou mais de 50 registadores de dados em todo o país.

Existem, no entanto, desafios que são susceptíveis de dificultar o desenvolvimento da energia eólica no país;

1. Há um grande dispêndio de capital exigido pelas IPPs e a sua distribuição.
2. Sendo o vento dependente das condições climáticas, qualquer alteração das condições meteorológicas terá necessariamente efeitos sobre o fornecimento de energia e, por conseguinte, deverá haver energia de volta para complementar o sistema

O desenvolvimento do projecto de energia eólica do Lago Turkana (LTWP) deverá acrescentar 310MW à rede nacional até meados de 2016 (LTWP), utilizando a mais recente tecnologia de turbinas eólicas (rotor de 3 pás e guinada activa). O projecto Kipeto Wind Power também deverá injectar um total de 100 MW na rede até Dezembro de 2016. No entanto, as disputas territoriais e comunitárias ameaçam levar o projecto a uma alteração. Mais de 80% dos quenianos dependem da biomassa de madeira para as suas necessidades energéticas, o que exerce uma pressão considerável sobre a árvore e os recursos florestais. Além disso, as tecnologias de conversão da madeira para a produção de madeira e de carvão vegetal são obsoletas e esbanjadoras, levando à sobreexploração das árvores para satisfazer a procura (Ministério do Ambiente, 2014).

Como salientado por (Ikonya, 2018), os produtos florestais não lenhosos são importantes para a subsistência das comunidades rurais e representam uma parte significativa dos rendimentos e despesas das famílias. Alguns dos produtos florestais não lenhosos que contribuem para a subsistência sustentável incluem gomas e resinas, mel, óleos essenciais, incenso, mirra, fibras, plantas medicinais e aromáticas, materiais de tingimento e bronzeamento. Além disso, muitos destes produtos têm um elevado potencial para exportação. Em tempos de escassez de alimentos, alguns produtos não lenhosos são a principal fonte de nutrição para muitas comunidades. A agricultura tem um duplo papel como utilizadora de energia e como fornecedora de energia sob a forma de bioenergia (FAO, 2000). Na maioria dos países em desenvolvimento, a energia para cozinhar consome mais energia do que qualquer outra actividade única (Acção Prática 2012). De acordo com a AIE (2011), mais de 90% das necessidades energéticas domésticas em muitos países em desenvolvimento, especialmente nas zonas rurais, são satisfeitas por biomassa, tal como lenha, carvão vegetal, resíduos agrícolas e estrume animal, apoiando mais de 2,5 mil milhões de pessoas. O que é mais preocupante, é que o número absoluto de pessoas, particularmente em África e na Ásia, que utilizam combustíveis sólidos, está a aumentar, embora os números revelem que a proporção de famílias que dependem principalmente de combustíveis sólidos para cozinhar diminuiu a nível mundial, de 62% em 1980 para 41% em 2010 (Bonjour et al., 2013).

"Um relatório da Agência Internacional de Energia (AIE 2011) sobre as Perspectivas Energéticas Mundiais declarou claramente que o mundo enfrenta hoje em dia um fosso energético significativo; entre países ricos e países pobres. Indicava ainda que mais de 95% da população mundial sem acesso à electricidade e

h) Solar

O país situa-se entre as latitudes 4½⁰ N e 4 ½⁰ S do equador com uma insolação média de 4-6Kwh/m2/dia. As partes mais potenciais do país são, contudo, as partes oriental e nordeste com uma insolação de cerca de 10kWh/m2/dia. A energia é utilizada principalmente na secagem e aquecimento, embora exista uma parte utilizada na produção de electricidade. (Ecn & Ecn, 2012).

Um estudo de mercado realizado em 2005 estabeleceu que o pico da procura de energia solar fotovoltaica era de 500KW e que se estimava um crescimento anual de 15%, de acordo com a Comissão Reguladora da Energia.

i)   Energia hídrica

O Quénia tem um elevado potencial hidroenergético estimado numa média de 5000MW, a maior parte do potencial não foi, no entanto, explorado. Uma geração de cerca de 816MW, segundo os números de 2012/2013, provém principalmente de 8 estações. O potencial mais viável, ou seja, rentável com uma média de 30MW por central, produz um total combinado de 1449MW a partir das 5 maiores bacias do país. Os potenciais são maioritariamente provenientes de pequenos rios e, por conseguinte, requerem a instalação de pequenas centrais hidroeléctricas. Metade das pequenas centrais hidroeléctricas de 30MW que estão operacionais estão ligadas à rede.

Existem desafios que vieram limitar a expansão e a sustentabilidade do sector hídrico no país. Em primeiro lugar, os projectos são de capital intensivo, pelo que colocam um dilema de investimento, uma vez que o período de retorno é mais longo. Em segundo lugar, a alteração das condições climáticas constituiu uma ameaça para os níveis da água. Em 2013, os níveis da água nas principais centrais hidroeléctricas eram tão baixos que resultaram num racionamento de energia por parte do governo. Isto acaba por pôr em perigo o desenvolvimento industrial. Em terceiro lugar, algumas áreas potenciais, especialmente na bacia do Lago Vitória, têm uma alta densidade populacional, pelo que a instalação coloca a questão do movimento de massas e da deslocalização da população.

O consumo de energia

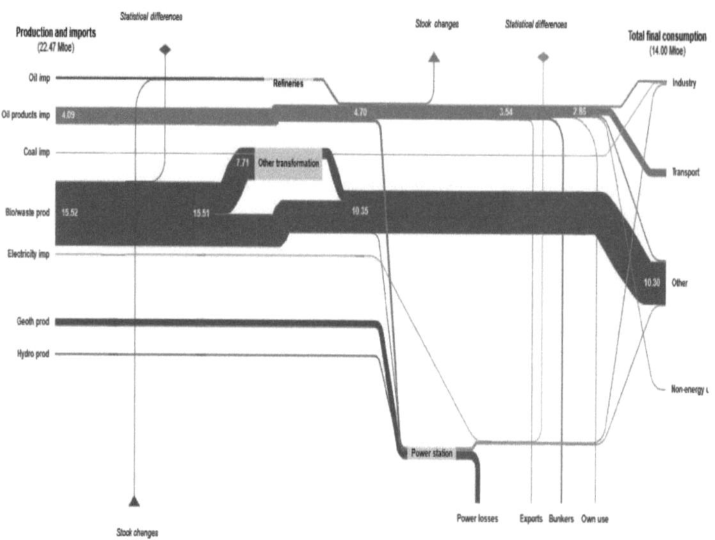

Figura 13: Balanço Energético do Quénia

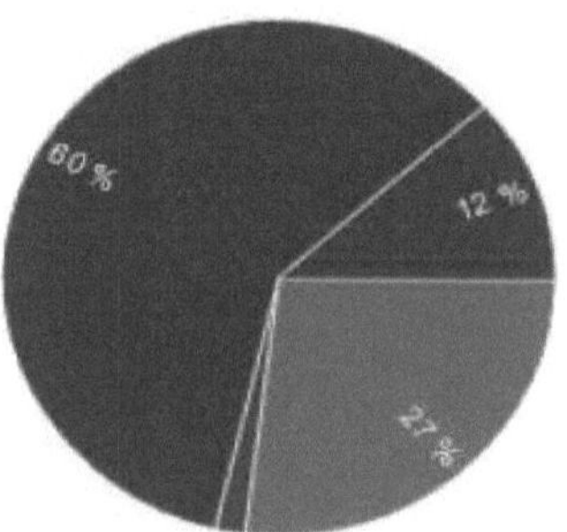

Figura 14: Mistura de génios de potência

O sector da energia contribui para cerca de 10% do PIB total. Em 2011, o consumo total de energia no Quénia era de 15 Mtep em comparação com a produção total de energia e importações de 22,47 Mtep. 71 % da energia consumida é biomassa, principalmente utilizada em residências e, em pequena medida, em indústrias. Nas famílias é utilizada principalmente para cozinhar, enquanto nas indústrias é utilizada para acender caldeiras.

No sector da electricidade, o principal contribuinte é a energia geotérmica a 60%.

Mistura de consumo de electricidade

- ◆ Oil products   0.78 Mtoe

- ◆ Biofuels and waste 0.05 Mtoe

- ◆ Geothermal   1.73 Mtoe

- ◆ Hydro   0.34 Mtoe

Produtos petrolíferos   0.78 Mtoe

Biocombustíveis e resíduos0   .05 Mtoe

Geotermia   1.73 Mtoe

Hidro   0.34 Mtoe

j)   O roteiro das energias renováveis

Devido à dependência excessiva da hidroelectricidade, a frequência das falhas de energia é elevada (33% em comparação com a média do México, China e África do Sul, que se situa em 1%). A produção perdida devido a estas interrupções é de aproximadamente 9,3% (em comparação com a média do México, China e África do Sul, que se situa em 1,8%). Além disso, são necessários aproximadamente 66 dias para obter ligação eléctrica no Quénia (em comparação com uma média de 18 dias no México, na China e na África do Sul).

k)   Plano de Desenvolvimento Energético para o Quénia

Como se prevê que a procura de energia aumente de 1.302 MW para 15.026 MW até 2030, existem planos implementados pelo governo para aumentar a oferta de energia. Há uma grande ênfase nas energias renováveis no aumento da oferta de energia.

O governo colocou o recurso geotérmico como a sua principal prioridade na estratégia energética nacional para a realização da Visão 2030. Os únicos obstáculos a um rápido acompanhamento do desenvolvimento são o custo inicial e o risco de exploração dos recursos. No entanto, a disponibilidade do Fundo de Investimento Climático (CIF) através do Programa de Energia Renovável em Escalada (SREP) poderia levar a uma redução dos riscos de exploração.

A energia eólica de projectos existentes gera cerca de 5MW. No entanto, existe um programa activo de investimento em energia eólica que envolve tanto o sector privado como o público. Um dos principais parques eólicos da KenGen é o parque eólico de Turkana que se espera que injecte 300MW na rede nacional. Há também aproximadamente 800MW sob os PPIs que estão em fase de preparação.

Mini Hidro e Biomassa são recursos que também ainda não foram totalmente explorados. A biomassa está sob a forma de biogás e bagaço e o sector privado tem demonstrado interesse em desenvolver os recursos.

Existe a possibilidade de envolver SREP a fim de aumentar a utilização dos recursos através de incentivos financeiros. Contudo, dado que a energia hidroeléctrica é vulnerável ao clima, o governo está interessado em diversificar as suas fontes de energia. Além disso, os geradores a diesel estão a revelar-se caros e sujos.

A energia solar é largamente considerada para aplicações fora da rede. O custo elevado comparado com outras opções renováveis, tais como geotérmica e hídrica e a visão de que é insuficiente para a geração ligada à rede deixa-a como desfavorável no plano estratégico energético nacional.

l)   Mistura de energia projectada sob Visão 2030

Os recursos energéticos que se espera que venham a ocupar um lugar de destaque na geração de electricidade no Quénia incluirão Geotermia, eólica, turbinas a gás e carvão. Até 2019, espera-se que o Quénia bombeie mais 5.000 MW para a rede nacional (GoK, 2013). A procura de energia deverá também aumentar dos 7.296 GWh de 2010 para 22.695 GWh em 2019. Até 2030, prevê-se que este valor aumente para 91.946 GWh. No entanto, a realização de tais projecções continua a depender fortemente de outros projectos de infra-estruturas, mineração e fabrico que requerem um desembolso de capital significativo.

O país também quer prosseguir o estabelecimento da energia nuclear. Trata-se de uma fonte de energia que resolveria substancialmente o défice energético prevalecente.

A síntese da Previsão de Carga

Ano	Pico (MW)	Capacidade Instalada (MW)	Margens de reserva	Energia (GWh)
2012	1,520	1,531	0.7%	9,084
2018	3,751	5,077	35%	22,685
2031	16,905	21,599	28%	103,518
Taxa média de crescimento anual	13.5%			13.6%

Quadro 3: Previsão de carga

Para atingir a capacidade instalada de 21.599 MW, as opções de fornecimento futuro dadas pelo governo são as seguintes:

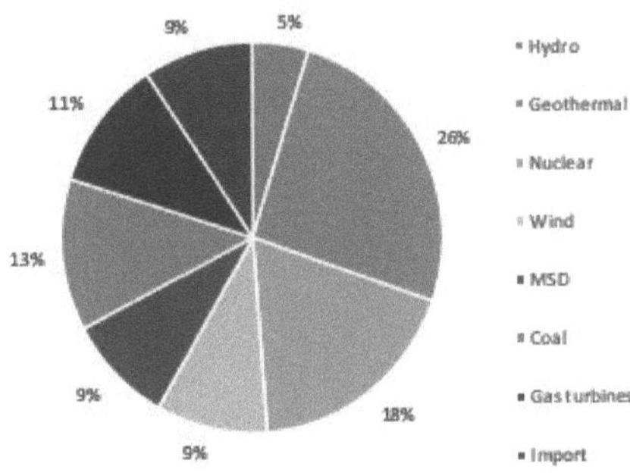

Figura 15: Mistura de gerações projectada para o ano 2030. (GoK, 2011)

m) Actividades actuais

Exploração e extracção de carvão: Foram estudados dois blocos e celebrados acordos de concessão para o seu desenvolvimento através da participação de investidores privados nas áreas de Mui e Mwingi na região costeira

Petróleo e gás: houve até agora duas áreas que tinham mostrado maior potencial para a exploração petrolífera. O condado de Turkana produziu duas áreas para mineração em Ngamia One and Two, com despesas infra-estruturais em curso para ter a primeira exportação até 2020. Estas incluem o desenvolvimento de um oleoduto duplo para o porto costeiro de Mombaça. Elgeyo Marakwet também produziu dois pontos de desenvolvimento, o último dos quais no mês passado. Os projectos estão a ser levados a cabo pela Tullow Oil

Desenvolvimento geotérmico: Os projectos propostos implicarão a perfuração de um total de 400 poços geotérmicos por KenGen em Olkaria, Geothermal Development Company (GDC) em Menengai, Baringo e Suswa e por dois IPPs, nomeadamente, Africa Geothermal International Limited (AGIL) e Marine Power Generation (MPG) em Longonot e Akiira, respectivamente. O custo combinado da perfuração a vapor para estes projectos situa-se na ordem dos 2.000 milhões de dólares americanos.

Energia solar: Um programa governamental que começou em 2005 para fornecer electricidade básica a instalações públicas como internatos e instalações de saúde em áreas remotas aumentou a procura anual de painel fotovoltaico em mais de 200 quilowatts de pico. De aproximadamente 3.000 instituições elegíveis, 744 foram equipadas com sistemas fotovoltaicos com uma capacidade combinada de 1,65 Megawatts de pico nos últimos 7 anos.

Geração de Energia Eólica: O registo de dados está a ser efectuado a 20 e 40 metros do solo. Uma vez completados, os dados serão analisados e oferecidos aos investidores numa base competitiva para desenvolver os sítios. Uma série de IPPs e KenGen também empreenderam estudos em áreas designadas para estabelecer o potencial de geração de energia.

Alimentação em Tarifas

O Governo pôs em prática uma Política de Feed-in-Tariffs para a electricidade gerada a partir de fontes de energia renováveis. Ao abrigo desta política, a KPLC é obrigada a celebrar Contratos de Aquisição de Energia (APP) com empresas por um período de 20 anos e a garantir a aquisição prioritária

Bibliografia

(ABPP, A. B. (2014). *SNV World e Hivos People Unlimited*.

A . Harmim, M. M. (2014). Desenvolvimento da cozinha solar no Sara argelino: Para se tornar um fogão solar socialmente adequado. *Renewable and Sustainable Energy Reviews*, 207-214.

ABHISHEK JAIN, P. C. (2015). *Limpo, acessível*. Nova Deli, Índia: CEEW .

Anthony Manoni Mshandete, W. P. (2009). Investigação de tecnologia do biogás em países seleccionados da África Subsariana. *African Journal of Biotechnology*, 116-125.

Antonio Lecuona, e. a. (2013). Panela solar do tipo parabólico portátil incorporando armazenamento de calor baseado em PCM. *Energia Aplicada*, 1136-1146.

Arveson, P. (2016). Para um Padrão Internacional de Medição do Desempenho da Panela Solar. *Academia das Ciências de Washington*, 5-22.

Azeem Khalid a, M. A. (2011). A digestão anaeróbica dos resíduos sólidos orgânicos. *Gestão de resíduos ELSEVIER* , 1737-1744.

Barnes, D. F. (1994). O que Faz as Pessoas Cozinharem com Fogões de Biomassa Melhorados? *World Bank Technical*, 242.

Bedi AS, P. L. (2013). Impact evaluation of Netherlands supported programmes in the area of Energy and Development Cooperation in Rwanda Impact Evaluation of Rwanda's National Domestic Biogas Programme International Institute of Social Studies,. *Universidade Erasmus de Roterdão, Países Baixos*.

Beena Yadav, S. Y. (2009). Percepção e atitude da mulher rural em relação à cozinheira solar. *Res. Indiana. J. Ext. Edu.* , 22-24.

Bernal MP, S.-M. M. (1998). Mineralização de carbono de resíduos orgânicos em diferentes fases de compostagem durante a sua incubação com o solo. *Agric Ecosyst Environ*, 69:175-89.

Biogas, S. W. (2014, Outubro). Obtido na SNV World: http://www.snvworld.org/en/sectors/renewable-energy/publications?filter=~newsletter

Bond T, T. M. (2011). História e futuro das unidades domésticas de biogás no mundo em desenvolvimento. *Energ Sust Dev*, 15:347-54.

Bouallagui, H. T. (2005). Desempenho do biorreator na digestão anaeróbica de resíduos de fruta e vegetais. *Processo Biochem*, 40, 989-995.

Chae, K. J. (2008). Os efeitos da temperatura de digestão e do choque térmico no rendimento do biogás proveniente da digestão anaeróbia mesófila do estrume de suínos. *Bioresour. Technol.*, 99, 1-6.

Cookstoves, G. A. (2017, 6 25). *2016 PROGRESS REPORT CLEAN COOKING: KEY TO ACHIEVING GLOBAL DEVELOPMENT AND CLIMATE GOALS*. Obtido da Global Alliance for Clean Cookestoves: https://cleancookstoves.org

Eshete, G., Sonder, K., & ter Heegde, F. (2006). Relatório sobre o Estudo de Viabilidade de um Programa Nacional para o Biogás Doméstico na Etiópia. *SNV Netherlands Development Organization*.

F. Yettou, e. a. (2014). Realizações do fogão solar em uso real: Uma visão geral. *Renewable and Sustainable Energy Reviews*, 288-306.

Fricke, K. S. (2007). Problemas de funcionamento em instalações de digestão anaeróbica resultantes do nitrogénio nos RSU. *Waste Manage.*, 27, 30-43.

Aliança Global para Cozinhas Limpas. (2014, Setembro). Recuperado de Cleancookstives: http://www.cleancookstoves.org/

Greene, J. L. (2016). OS PRINCIPAIS DISRUPTORES PARA O SÉCULO XXI. *Conferência Internacional sobre os Avanços no Processamento Solar Térmico de Alimentos.* Faro-Portugal: CONSOLFOOD.

Gutser R, E. T. (2005). Disponibilidade a curto prazo e residual de azoto após aplicação a longo prazo de fertilizantes orgânicos em terras aráveis. *Solo de Nozes Vegetais*, 168:439-46.

H., M. (2001). Desinfecção de efluentes secundários por percolação de infiltração. *Wa Sci Technol*, 43:175-8.

Hernandez-Luna G, H. G. (2008). Um forno solar para zonas intertropicais: Avaliação do processo de cozedura. *Conversão e gestão da energia*, 3622-3626.

Jacqueline Hollada, K. N. (2017). Percepções de Biomassa melhorada e fogões a gás de petróleo liquefeito em Puno, Peru: Implicações para promover a adopção sustentada e exclusiva de tecnologias de cozinha limpa. *Int. J. Environ. Res. Saúde Pública*, 182.

Jayashree Nayak, R. K. (2016). Modelação da perda de calor e analise do fogão solar. *Conferência Internacional de Técnicas Eléctricas, Electrónicas e de Optimização (ICEEOT)*, 454-459.

CAPÍTULO 3

1 Visão geral do sector energético da Nigéria

A energia é um contributo fundamental para o crescimento económico de uma nação, por outras palavras, podemos dizer que existe uma ligação muito estreita entre a disponibilidade de energia e o crescimento presente e futuro de uma nação. A produção e consumo de energia são medidas de análise do desenvolvimento económico de qualquer país, uma vez que quase todos os sectores de uma economia dependem da disponibilidade de energia.

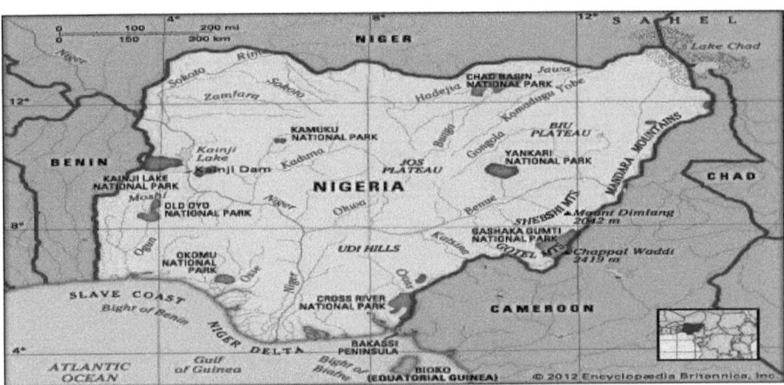

Figura 1: Mapa da Nigéria

O sector energético na Nigéria conta uma história diferente do seu potencial real, ao longo dos anos tem sofrido enormes reveses independentemente da posição estratégica do país na África. O fornecimento de energia na Nigéria tem sido tipicamente epiléptico e caracterizado pelo seu elevado custo e taxa global de electrificação de 45% (AIE, 2014). O sector energético, tal como outros sectores da sua economia, tem sofrido de uma enorme dependência dos produtos petrolíferos brutos e da variabilidade dos preços, poder-se-ia pensar que a descoberta de petróleo na nação tem sido mais uma maldição do que uma bênção. A situação energética, é a que tem impedido muitos investimentos no país e levado a que a economia não atinja o seu pleno potencial. A Nigéria é classificada pela Organização dos Países Exportadores de Petróleo (OPEP), a maior nação produtora de petróleo em África, com cerca de 37 mil milhões de barris de reservas petrolíferas comprovadas e 187 triliões de pés cúbicos de reservas comprovadas de gás natural. Com uma produção média de aproximadamente 1,8 a 2,4 milhões de barris de petróleo por dia, a Nigéria é classificada como o sétimo maior produtor de petróleo bruto da OPEP entre 2009 e 2013. Não tem havido exploração dedicada das reservas de gás que consistem principalmente em gás petrolífero associado e a reserva de gás natural permanece inexplorada. A Nigéria exportou mais de 8% do gás natural liquefied (GNL do gás petrolífero associado) em 2012, o que a torna o quarto maior produtor mundial.

Este relatório descreve sucintamente a situação energética actual da Nigéria. Inclui as actuais fontes de energia e o potencial. Também no relatório está planeado um roteiro de energias renováveis para a suficiência energética da Nigéria.

2 POTENCIAL ENERGÉTICO

2.1 Potencial Energético Convencional

Existem fortes costuras de carvão no estado de Enugu e Kogi, que não foram extraídas em grande escala, com a actual taxa de produção de petróleo de cerca de 2,4 milhões de barris por dia e 43,2 mil milhões de barris cúbicos de gás natural por ano, sendo os restantes anos de extracção de petróleo e gás natural de 40 e 78 anos, respectivamente. A Nigéria tende a depender dos seus recursos de combustíveis fósseis e a única outra forma de energia operacional à escala comercial é a energia hidroeléctrica. A repartição do fornecimento total de energia primária mostra uma predominância de biocombustíveis tradicionais (madeira e carvão vegetal) e resíduos, isto deve-se à sua elevada população concentrada nas zonas rurais e às baixas taxas de electrificação.

Quadro 1: Balanço energético para a Nigéria em 2012

Column1	Coal	Crude oil	Natural gas	Oil products	Nuclear	Hydro	biofuels and waste	Total
Production	27	115956	30350	0	0	458	108868	255659
Imports	0	0	0	8752	0	0	0	8752
Exports	0	-110723	-18554	-1101	0	0	0	-130378
International marine bunkers	0	0	0	-365	0	0	0	-365
International aviation bunkers	0	0	0	-361	0	0	0	-361
Stock changes	0	-39	0	321	0	0	0	282
TPES	27	5195	11797	7246	0	458	108868	133591
% TPES	0.020211	3.88873502	8.830684702	5.424018085	0	0.342837	81.49351378	100

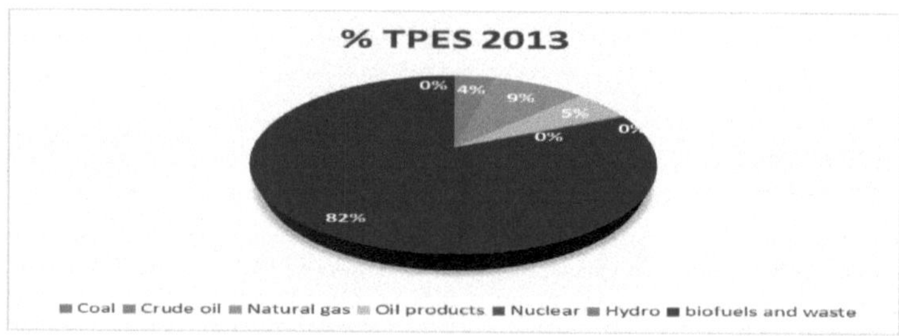

Figura 2: Fornecimento de energia da Nigéria em 2013

2.2 Potencial das Energias Renováveis
Uma avaliação dos vastos recursos energéticos renováveis da Nigéria mostra quão energia suficiente o país teria sido, apesar da sua forte dependência de combustíveis fósseis instáveis para a produção de energia. No entanto, estes recursos não têm sido explorados. Os planos em curso sugerem uma solução positiva para a crise energética no país, se aplicada. O potencial de energia renovável para a Nigéria está resumido na tabela abaixo;

Quadro 2: Recursos energéticos renováveis e capacidades estimadas

Recursos energéticos	Reserva estimada
Grande potência hidroeléctrica	11,250 MW
Pequena potência hidroeléctrica (30 MW)	3500 MW
Madeira combustível	11 milhões de hectares de floresta e bosque
Lixo Municipal	30 milhões de toneladas por ano
Resíduos animais	245 milhões de animais sortidos em 2001
Culturas energéticas e resíduos agrícolas	72 milhões de hectares de terras agrícolas
Radiação solar	3,5-7,0 KWh/m2/dia
Vento	2-4 m/s a 10m de altura As velocidades do vento na Nigéria variam de 1,4 a 3,0 m/s nas áreas do Sul, muito mais altas nas linhas costeiras e 4,0-5,1 m/s no Norte.

3 CONSUMO DE ENERGIA

Cerca de 85% da energia consumida na Nigéria, 99,3 Mtep por ano, provém de biocombustíveis e resíduos. Cerca de 90% dessa energia é consumida para uso residencial. Isto significa que os biocombustíveis e os resíduos cobrem cerca de 98% da procura de energia no sector residencial. A maior parte desta energia destina-se a fins culinários, pois só assim se pode explicar a proporção predominante de biocombustíveis e de resíduos. O restante provém de fontes de energia convencionais, sendo a maior parte deles reimportados produtos petrolíferos brutos. A percentagem de electricidade no consumo final de energia é marginal a 2%.

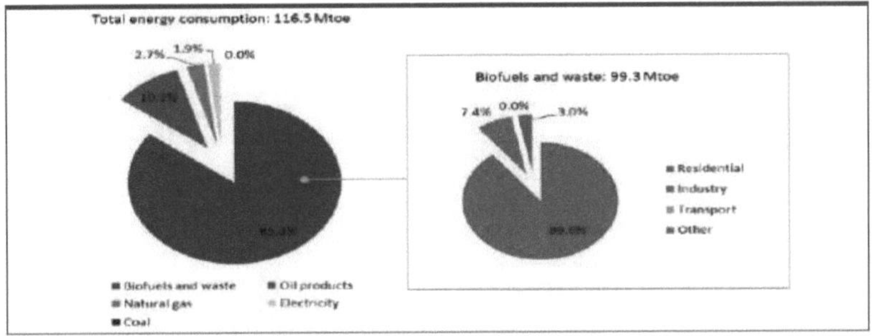

Figura 3: Consumo total de energia por recursos em 2012

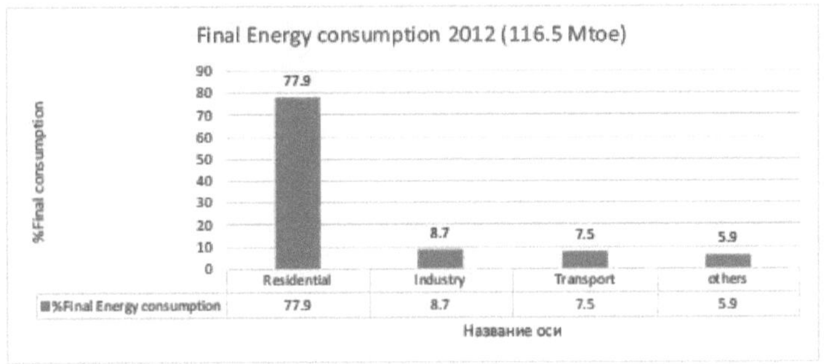

Figura 4: Consumo final de energia em 2012

4 MAPA RODOVIÁRIO DAS ENERGIAS RENOVÁVEIS

O governo nigeriano aprovou o regulamento tarifário de alimentação em Novembro de 2015. O regulamento entra em vigor em Fevereiro de 2016 e substitui a Ordem Plurianual (MYTO) II (2012-2017). Com o objectivo de fazer uso do vasto potencial de energia renovável da Nigéria, na sua maioria inexplorado, a intenção é estimular o investimento no sector. Até 2020, um total de 2.000MW será gerado através de energias renováveis como a biomassa, pequenas centrais hidroeléctricas, eólicas e solares.

De acordo com este regulamento, as empresas de distribuição de electricidade (DISCOs) serão obrigadas a obter pelo menos 50% do seu aprovisionamento total de energias renováveis. Os restantes 50% deverão ser obtidos junto da empresa nigeriana de comércio de electricidade a granel. Um resumo dos resultados esperados é apresentado nos quadros abaixo:

Tabela 3: Capacidades da Marca de Bancada para Tecnologia Qualificada

Tecnologia	Capacidade mínima (MW)	Capacidade máxima (MW)
Vento	1	10
Pequena Hidro	1	30
Biomassa (incluindo resíduos sólidos urbanos)	1	10
	1	5

Quadro 4: Capacidade de Geração de Energia Renovável Ligada à Rede Alvo até ao ano 2018

Tecnologia	Limite de capacidade (MW)
Solar	380
Vento	100
Pequena Hidro	370
Biomassa	150

Quadro 5: Sanção por Incumprimento

1st seis meses de não cumprimento ou cumprimento parcial	\$15/MWh equivalente Naira ou diferença entre o custo da electricidade renovável e o custo médio da electricidade não-renovável, consoante o que for mais baixo
Após períodos de incumprimento ou cumprimento parcial	\$30/MWh equivalente a Naira ou diferença entre o custo da electricidade renovável e o custo médio da electricidade não-renovável, consoante o que for mais baixo

5 CONCLUSÃO

Há provas claras de que a Nigéria possui abundantes recursos de combustíveis fósseis, bem como recursos de energia renovável. No entanto, a procura de energia é muito elevada e está a aumentar geometricamente enquanto a oferta permanece inadequada, insegura, e irregular. Até agora, a mistura tem sido dominada por recursos fósseis que se estão a esgotar rapidamente, para além de não serem amigos do ambiente. A mistura do fornecimento de energia deve assim ser diversificada através de uma infra-estrutura apropriada e criando uma consciência plena para promover e desenvolver os abundantes recursos energéticos renováveis presentes no país, bem como para aumentar a segurança do fornecimento.

As tecnologias de energias renováveis têm melhores vantagens na medida em que são fáceis de manter e são amigas do ambiente do que os sistemas de combustíveis fósseis. O maior desafio é uma utilização ineficiente da energia disponível no país. Como resultado, há uma necessidade urgente de encorajar a evolução de um cabaz energético que enfatize a adição de energia renovável para complementar a rede existente. As várias tecnologias de energias renováveis foram apresentadas no relatório. Contudo, nunca é demais salientar a necessidade de uma política forte e de uma implementação na sua concretização.

REFERÊNCIAS

1. Comissão de Energia da Nigéria: Plano Director das Energias Renováveis, (2012).
2. Comissão de Energia da Nigéria (ECN), Projecto de Plano Director Nacional de Energia (2014).
3. Energypedia; Nigeria Energy Situation, www.energypedia.info/wiki acedido em 18/01/2015
4. Ministério Federal do Poder: Projecto de Estratégia e Plano de Electrificação Rural (RESP) 2015.
5. GIZ: The Nigerian Energy Sector - An Overview with a Special Enfasis on Renewable Energy, Energy Efficiency and Rural Electrification, (2015).
6. Agência Internacional de Energia (AIE); AIE, Key World Energy Statistics (2013) Paris, França.

7.   Agência Internacional de Energia (AIE); AIE, World Energy Outlook (2014) Paris, França.
8.   Comissão Nacional de Regulação da Electricidade (NERC); Resumo das Tarifas de Retalho MYTO II (2014).

CAPÍTULO 4

1. Panorama geral do sector energético do Uganda

A África tem uma capacidade instalada de 147 GW que é comparável ao que a China instala em um a dois anos. O consumo médio de energia per capita na África Subsaariana, excluindo a África do Sul, é de 153kWh por ano, o que representa apenas 6% da média global. (IRENA 2012). A partir de 2011, mais de 81 % da população da África Oriental não tinha acesso à electricidade. (IRENA 2012). O Uganda é um país fechado na África Oriental e faz fronteira com o Congo, Sul do Sudão, Quénia, Tanzânia e Ruanda; o Uganda é atravessado pelo Vale do Rift da África Oriental. A Figura 1-1 é um mapa de África mostrando a localização do Uganda.

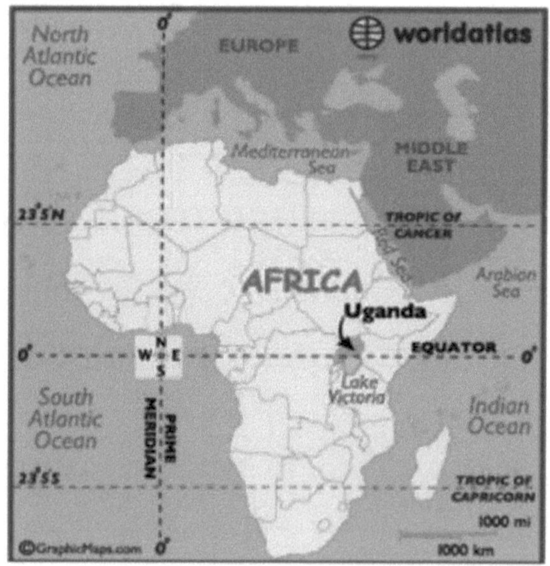

(Atlas Mundial 2016)

Figura -11 Mapa de África mostrando a Posição do Uganda

O Uganda tem uma população de 36,8 milhões de pessoas e 82% destas vivem em zonas rurais (UBOS 2013). A área de terreno do Uganda é de 241, 038 km². (ONU 2012). A produção interna bruta (PIB) per capita do Uganda era de 714,6 dólares dos Estados Unidos da América (US$) a partir de 2014 (Banco Mundial 2015). O nível global de pobreza em 2013 foi de 19,7% contra 24,5% em 2009. (AfDB 2014). O Uganda tem uma capacidade instalada de energia de 855,75 MW e uma procura anual de energia de 136 TWh, (ERA 2014). O acesso da nação à electricidade é de 14% e apenas 7% nas zonas rurais (GoU 2015). O custo da electricidade para o consumidor no Uganda era de US$ 0,143 por KWh a partir de 2014.

O governo do Uganda estabeleceu a visão 2040, através da qual pretende transformar a sociedade camponesa ugandesa num país moderno e próspero até 2040 (NPA 2015) colocando a energia no centro para o conseguir.

2.1 Instituição al Enquadramento

O sector energético do Uganda está sob a tutela do Ministério da Energia e do Desenvolvimento Mineral (MEMD). A figura 2-1 abaixo mostra a estrutura organizacional do MEMD;

Figura 2-1 Organograma da gestão do sector energético estabelecido no Uganda

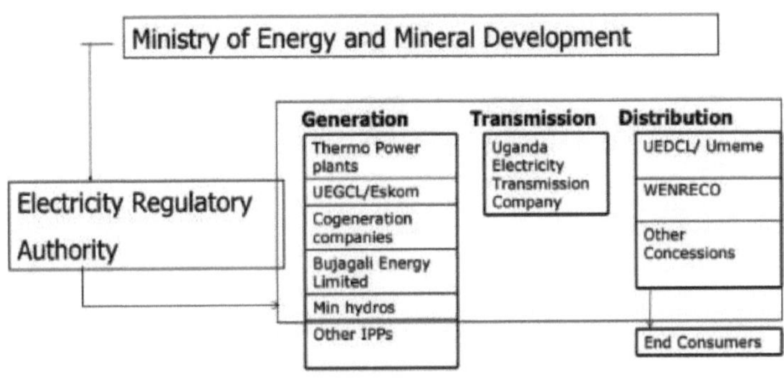

(ERA 2013)

2.2 Quadro político

Energy Polic y for Uganda 2002 é a política orientadora do sector energético do Uganda. O objectivo desta política é satisfazer as necessidades energéticas da população do Uganda para o desenvolvimento social e económico de uma forma ambientalmente sustentável. No entanto, existem outras políticas específicas, estratégias legais e estatutárias orientadas para a promoção e utilização sustentável de tecnologias específicas. Tais estratégias incluem;

- Renewable Energy Policy, 2007: Visa aumentar a utilização de energias renováveis modernas dos actuais 4% para 61% do consumo total de energia até 2017.

- Lei da Electricidade, 1999: Prevê a criação de uma Autoridade Reguladora da Electricidade e a liberalização e desagregação do sector da electricidade.

- Lei da Energia Atómica, 2008: Regulamenta a aplicação pacífica das radiações ionizantes e para a criação do Conselho da Energia Atómica.

- Biomass Energy Strategy, 2013: Propor abordagens racionais e implementáveis para gerir o sector da energia da biomassa.

- Estratégia e Plano de Electrificação Rural 2013-2022: Posicionar o programa de desenvolvimento da electrificação num caminho que avançará progressivamente no sentido da realização da electrificação universal até ao ano 2040, consistente com a política existente do Governo, assegurando simultaneamente a deslocação da iluminação com querosene em todas as casas rurais ugandesas até 2030.

*Em 2013, o consumo de energia do **Uganda** foi de 136 TWh/ano (ERA 2014). A biomassa constitui 89 % do cabaz energético do Uganda (MEMD 2014). A figura 3-1 mostra as fontes de energia no Uganda.*

3-1 Fontes de Energia Mista do Uganda, 2014

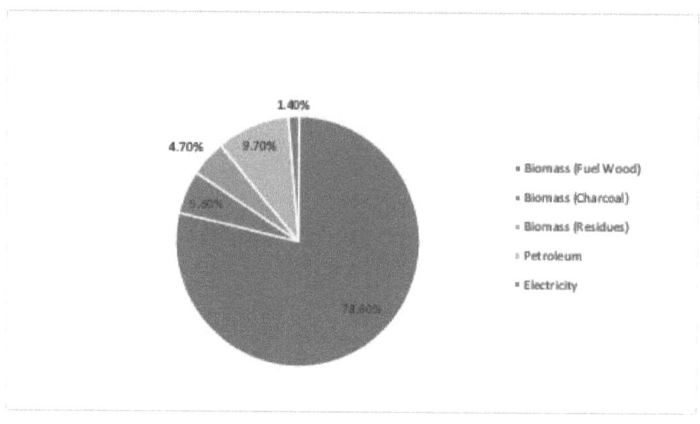

(ERA 2014)

Com 855,75 MW, a capacidade instalada do Uganda em 2014 constituía apenas 1,4% do total do cabaz energético (ERA 2014). De acordo com a ERA (2014), mais de 80% da electricidade produzida no Uganda é energia hidroeléctrica. A figura 3-2 mostra as fontes de electricidade no Uganda.

Figura -32 Fontes de Electricidade da Rede do Uganda

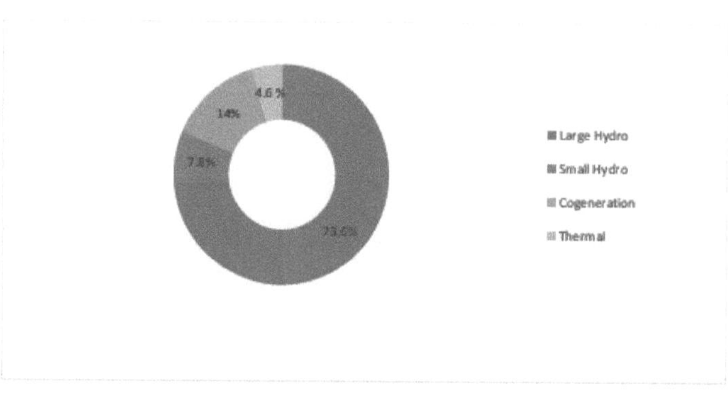

(ERA 2014)

O sector doméstico utiliza a maior parte da energia global, enquanto o sector industrial é o líder no consumo de electricidade. O quadro 3-1 mostra o consumo de energia e electricidade no Uganda, por sector, a partir de 2013.

Quadro 3-1 Procura de energia por sector, 2013

Exigir	Porção do fornecimento global de energia	Porção do fornecimento de electricidade
Agregado doméstico	66.2%	25.7%
Comercial	14.3%	14.9%
Industrial	12.8%	59.4%
Transportes	6.2%	0.0%

(MEMD 2015)

4. Energia Potencial

4.1 Potencial das energias renováveis

4.1.1 Potencial de energia hidroeléctrica

O potencial bruto de energia hidroeléctrica em grande escala do Uganda está estimado em 4.500 MW (NPA 2015). Existe outro potencial bruto de 210 MW de micro e mini-centrais hidroeléctricas (REA 2007). O potencial hidroeléctrico explorável do Uganda situa-se nos 3.500 MW, o que dá lugar a preocupações ambientais e sociais na concepção e no posicionamento das centrais hidroeléctricas. (WWF 2015).

4.1.2 Potencial de Biomassa

O Uganda tem um potencial de biomassa lenhosa de 460 milhões de toneladas e um rendimento anual de 50 milhões de toneladas (GoU 2015). A partir de 2015, a taxa de colheita de biomassa lenhosa era de cerca de 44 milhões de toneladas/ano, enquanto as florestas só podiam produzir 26 milhões de toneladas de biomassa/ano, o que é insustentável. (MEMD 2015). O potencial de produção sustentável poderia ser significativamente aumentado se fossem introduzidas melhores práticas de gestão florestal.

O potencial energético teórico dos resíduos de biomassa gerados no Uganda foi avaliado em 71 TWh. Este é de 41 TWh de resíduos de culturas, 18 TWh de resíduos animais e 12 TWh de resíduos florestais. (Okello, Pindozzi et Boccia 2013). A utilização real de bio-resíduos e bio-resíduos a um nível sustentável seria obviamente muito inferior ao potencial.

O Uganda tem um potencial de bioetanol à base de açúcar de cerca de 3,7 milhões de m /ano[3] (WWF 2015). Este potencial baseia-se na tecnologia de transformação de primeira geração utilizando matéria-prima de cana-de-açúcar alimentada pela chuva com restrições em termos de área de terra (Hermann, Miketa et Fichaux 2014).

4.1.3 Potencial de energia solar

Dado que o Uganda é atravessado pelo equador, recebe uma irradiação média significativa de 5 KWh/m /dia^2 (WWF 2015). Com uma superfície terrestre total de 241.276 Km^2 e irradiação de 5 kW/m^2 /dia, o Uganda tem um potencial bruto de energia solar de mais de 400.000 TWh/ano (WWF 2015). Mais de 200.000 km^2 da área terrestre do Uganda tem radiação solar superior a 2.000 kWh/m /ano. ^{2}

4.1.4 Potencial de energia geotérmica

O Uganda tem um potencial geotérmico de 450 MW distribuído em três locais; Katwe, Buranga e Kabiro no Uganda Ocidental (GoU 2015). Actualmente, não existe nenhuma central geotérmica operacional ou em funcionamento no Uganda. Contudo, estudos preliminares de geoquímica, geologia e hidrologia isotópica foram feitos pela MEMD em sítios geotérmicos de Katwe e Kabiro. (GoU 2015). Um levantamento geológico, geoquímico e geofísico detalhado foi feito no sítio Buranga (GoU 2015).

As avaliações dos recursos eólicos realizadas pelo MEMD indicaram velocidades do vento na gama de 2 m/s a 4 m/s de altura de 10 m/s na maior parte do país. Contudo, alguns locais na região nordeste (apenas 1.312 Km² da área total 241.276 Km²) mostraram velocidades satisfatórias entre 7 e 8 m/s (Hermann, Miketa et Fichaux 2014).

4.2 Recursos Energéticos Convencionais

Onze poços foram testados em Albertine Graben e alguns registaram caudais acumulados de mais de 14.000 barris de petróleo por dia. Os recursos descobertos no Graben estão estimados em mais de 2 mil milhões de barris. O Uganda tem também 250 Mtoe de turfa.

---

5. Roteiro da Energia do Uganda

- Visão 2040

Visão 2040 estabelecida em 2010, o governo planeia aumentar a electricidade per capita de 80 Kwh para 588 KWh até 2020 e 3668 KWh até 2040.

- **Renewable Energy Policy, 2007:**

Visa aumentar a utilização das energias renováveis modernas dos actuais 4% para 61% do consumo total de energia até 2017

- **Estratégia e Plano de Electrificação Rural 2013-2022:**

 Posicionar o programa de desenvolvimento da electrificação num caminho que avance progressivamente para a realização da electrificação universal até ao ano 2040, de acordo com a política existente do Governo, assegurando ao mesmo tempo a

---

6. Conclusão e Recomendações

6.1 Conclusão

O Uganda tem um elevado potencial em energia renovável que anula a sua capacidade instalada e a procura de energia. A exploração dos recursos de energia renovável ajudaria a resolver o problema da acessibilidade energética, acessibilidade de preços e sustentabilidade no Uganda. O Uganda tem um bom trabalho de enquadramento institucional e políticas para a energia, mas falha na sua implementação. O sector energético no Uganda depende da biomassa e a electricidade é gerada a partir da hídrica, o que o torna propenso a questões de segurança energética. O sector da energia enfrenta desafios de financiamento inadequado, falhas na implementação devido à corrupção, burocracias no aprovisionamento, dados adequados especialmente para a energia eólica, solar e geotérmica e padrão populacional disperso.

6.2 Recomendação

- O governo deve investir em energia solar fora da rede e mini-projectos hídricos para aumentar o acesso à electricidade nas zonas rurais
- Aumentar a recolha de dados de investimento em relação à energia geotérmica, solar e eólica
- Obtenção de financiamento e aumento do investimento em energias renováveis para reduzir a dependência da energia hidroeléctrica.
- Reduzir as burocracias associadas às aquisições em projectos energéticos

- Isenção fiscal de projectos e equipamentos de energias renováveis para reduzir o consumo

Bibliografia

1. AfDB. 2014. *Perspectivas Económicas do Uganda.* Abidjan: Banco Africano de Desenvolvimento (BAFD).
2. CIA. 2016. *O Fact Book mundial.* 5 de Fevereiro. http://www.cia.gov.about-cia/.
3. ERA. 2014. *Relatório Anual 2013 - 2014.* Kampala: Autoridade Reguladora da Electricidade (ERA).
4. ERA. 2013. *Oportunidades de Desenvolvimento e Investimento em Recursos Energéticos Renováveis no Uganda.* Kampala: Regulamentação da Electricidade (ERA).
5. GoU. 2015. *Plano de Investimento do Programa de Expansão das Energias Renováveis.* Kampala: Governo do Uganda (GoU).
6. Hermann, S, A Miketa, e N Fichaux. 2014. *Estimar o Potencial de Energias Renováveis em África. Um livro de trabalho IRENA-KTH baseado na abordagem SIG.* AbuDahbi: Agência Internacional de Energias Renováveis (IRENA) .
7. IRENA . 2012. *Perspectivas para o sector energético africano* . Abu Dhabi: Agência Internacional para as Energias Renováveis (IRENA).
8. MEMD. 2015. *Estratégia energética da biomassa (BEST).* Kampala: Ministério da Energia e do Desenvolvimento Mineral (MEMD).
9. MEMD. 2014. *Desempenho do Sector Eléctrico do Uganda, 2014.* Kampala: Ministério da Energia e do Desenvolvimento Mineral (MEMD).
10. NPA. 2015. *O Segundo Plano Nacional de Desenvolvimento (NDPII) 2015/16 - 2019/20.* Kampala: Autoridade Nacional de Planeamento (NPA).
11. Okello, C, S. Pindozzi, e S. Faugno e L. Boccia. 2013. "Bioenergy Potential of Agricultural and Forest Residues in Uganda". (Biomassa e Bioenergia 56: 515-525.) 57.
12. REA. 2007. *Política de Energias Renováveis para o Uganda.* Kampala: Autoridade de Electrificação Rural (REA).
13. UBOS. 2013. *Censo Habitacional e Populacional 2013.* Kampala: Gabinete de Estatística do Uganda (UBOS).
14. UBOS. 2014. *Inquérito Nacional aos Agregados Domésticos do Uganda 2012/2013.* Kampala: Gabinete de Estatística do Uganda (UBOS).
15. ONU. 2012. *Divisão de Estatística das Nações Unidas.* 14 de Janeiro. Acedido a 14 de Janeiro de 2016. http//unstats.un.org.com/demographic/products/dyb/dyb2012/htm.
16. USAID. 2006. *Uganda Biodiversity and Tropical Forest Assessment (Avaliação da Biodiversidade e das Florestas Tropicais do Uganda).* Kampala: Agência dos Estados Unidos para o Desenvolvimento Internacional (USAID).
17. Atlas Mundial. 2016. *Atlas do Mundo.* 11 de Fevereiro. www.worldatlas.com/web.
18. Banco Mundial. 2015. *O Banco Mundial.* Acedido a 16 de Janeiro de 2016. data.worldbank.org/indicator/NY.GDP.PCAP.CD.
19. WWF. 2015. *Relatório de Energia para o Uganda: Um Futuro de 100 % de Energias Renováveis até 2050.* Kampala: World Wide Fund for Nature (WWF).

CAPÍTULO 5

1. Sector energético dos Camarões

Os Camarões são o país mais povoado (20 milhões com uma taxa de crescimento de 2% todos os anos) da região centro de África, limitada por 6 países: Nigéria, Chade, República Centro-Africana, República do Congo, Gabão e Guiné Equatorial. A maior parte da sua população vive nas regiões Centro e Costeira. O seu crescimento económico diminuiu em 2009, mas recuperou a sua moção em 2010. Embora a sua quota esteja a diminuir, o sector extractivo continua a ser uma importante fonte de receitas para o país. (Quadro 1)

Fig1. Mapa dos Camarões [2].

A procura de electricidade ainda representa uma pequena parte do consumo total de energia do país. A maior parte das zonas rurais do país continua a não ser electrificada. O equilíbrio entre o fornecimento de energia e o rápido crescimento da procura continua frágil, particularmente durante a estação seca, quando a capacidade hidroeléctrica diminui. Entretanto, o país tem um elevado potencial de biomassa de madeira e o segundo maior potencial hidroeléctrico em África. (Quadro 2)

Quadro 1 [1]

Geral

Superfície (km²)	**466.650**
População (milhões)	**19.4**
Densidade Populacional (hab/km²)	**41.6**
Taxa de crescimento anual da população (%)	**2.8**
Percentagem da população urbana (%)	**52.76**
PIB ($bn)	**25,538**
PIB per capita ($)	**2,400**
Taxa de crescimento do PIB (%)	**3.8**

Quadro 2 [1]

Sector energético	
Taxa de electrificação (%)	57
Taxa de electrificação ritual (%)	≈ 449
Utilização de electricidade p.c/ano (kwh)	771
Procura total de electricidade (GWh)	4,863
Produção total de electricidade (GWh)	5,834
% electricidade no fornecimento de energia (%)	4
% hídrica na produção de energia	73
Capacidade instalada (MW)	1926
Perdas na rede (%)	25
Potencial hidroeléctrico (MW)	20
Potencial de biomassa	>100

I- Fontes de energia convencionais e renováveis

As principais fontes de energia convencionais dos Camarões são o Petróleo e o Gás Natural (respectivamente 135.100.000.000 m³ e 200.000.000 Barris).

Como recursos de energia renovável disponíveis nos Camarões, há energia solar, biomassa largamente utilizada como fonte de energia pela população, eólica, geotérmica.

✓ **Solar**

Os Camarões são abençoados com uma abundância de recursos de energia solar. Em geral, a intensidade da energia solar no país pode ser agrupada em duas categorias. Primeiro, a maior intensidade de energia solar encontra-se nas regiões Norte e Sul do país, com estimativas de 5,8 e 4 kWh/dia, respectivamente [3]. As estimativas recentes são bastante encorajadoras com os valores de 4,9 kWh/dia/m² possíveis nas regiões meridionais [4]. Como argumentado por [4], as condições para a exploração dos recursos de energia solar dos camarões são ideais. De facto, todo o país possui grandes potenciais de energia solar com algumas regiões muito acima da média necessária para gerar energia útil [4].

✓ **Energia geotérmica**

Esta é uma das áreas onde há menos literatura publicada nos Camarões. Mesmo nos poucos escritos que existem, os dados são muitas vezes contraditórios. Além disso, números da US Energy Information Administration revelam categoricamente que não existe potencial de energia geotérmica nos Camarões [5]. No entanto, embora estudos do Departamento de Inquérito Geológico do Interior dos EUA sugiram que o aproveitamento da energia geotérmica nos Estados da África Ocidental (CEDEAO) é bastante antieconómico, ofereceu uma visão mais favorável sobre os Camarões [5]. Os estudos revelaram que as zonas geo-pressurizadas, tais como o Delta do Níger e áreas de actividade tectónica na calha do Benue e nos Camarões, têm o potencial de desenvolver a energia geotérmica. Dado que as actividades tectónicas são bastante comuns nos Camarões devido à presença do Monte Camarões, é razoável investigar melhor como a energia que é emitida a partir da crosta das montanhas pode ser utilizada. A partir das opiniões contraditórias acima referidas, é difícil concluir se os Camarões possuem ou não as fontes de energia geotérmica.

✓ **Vento**

O potencial de vento do país permanece em grande parte inexplorado. De acordo com os dados disponíveis, o potencial eólico só está presente na parte ocidental do país. O departamento de Bamboutos regista velocidades de vento de 6,65 m/s e teria a capacidade de acolher três campos eólicos com uma capacidade total acumulada instalada de 14 MW. Contudo, no Norte dos Camarões e na região litoral, existe potencial de energia eólica. As áreas do Norte têm uma velocidade média do vento de 5-7m/s.

✓ **Energia da biomassa:**

Os Camarões têm o terceiro maior potencial de biomassa na África Subsaariana, com 25 milhões de hectares de floresta que cobrem três quartos do seu território. No entanto, a utilização insustentável deste recurso levou a uma desflorestação significativa em todo o país, com uma taxa anual de desmatamento de 200.000 hectares/ano e uma regeneração de apenas 3.000 hectares/ano. As principais utilizações da biomassa no país incluem o aquecimento e a iluminação para a maioria da população rural.

O potencial dos Camarões para produzir electricidade a partir de resíduos de biomassa é estimado em 1.072 GWh, dos quais 700 GWh poderiam ser exportados para a rede. Os Camarões têm o terceiro maior potencial de biomassa na África subsariana, com cerca de 66,7% do total da energia nacional consumida a partir de biomassa [4]. As fontes de biomassa podem ser categorizadas em madeira, fontes agrícolas, florestais e animais. Os fluxos de resíduos das fábricas de madeira - que constituem fontes de madeira - na região oriental são fontes que podem ser utilizadas para produzir energia [6]. As explorações de arroz em Ndop, um elevado grau de fertilidade do solo na região Noroeste, são todas áreas potenciais que podem fornecer palha e plantas para serem utilizadas numa planta de biomassa [6]. Esta é uma fonte de biomassa agrícola. Os ramos de árvores e a pele da floresta são fontes florestais de biomassa. Como fonte animal, o esterco de vaca é uma importante fonte de biomassa. Aparentemente, as agro-indústrias locais têm planeado vários projectos de co-geração. A SFID, empresa localizada em Mbang, tem um projecto de cogeração de 2 MW, incluindo 500 kW para electrificação rural. A empresa SIM localizada em Yaoundé processa 100.000m³ por ano de biomassa e gera cerca de 30% de resíduos sob a forma de pó de serra que poderia alimentar uma central de co-geração de cerca de 1,5 MW. O excesso seria vendido à rede. Além disso, existe potencial para co-geração fora da rede a partir de pequenas serrações de arroz e serrações em áreas remotas. Há também um grande potencial para produzir óleo de palma para ser utilizado como biocombustível.

✓ **Energia hidroeléctrica:**

Os Camarões têm o segundo maior potencial hidroeléctrico da África Subsaariana. O potencial total é estimado em 23 GW, com um potencial de produção de 103 TWh por ano. Existem três instalações principais no país: EDEA (263 MW); Songloulou (388 MW) e Lagdo (72 MW). O potencial para pequenas instalações hidroeléctricas (até 1 MW) é estimado em 1,115 TWh, principalmente nas regiões orientais e ocidentais dos Camarões, embora este potencial ainda não tenha sido devidamente explorado.

✓ **Energia das marés**

Globalmente, a energia dos oceanos está na sua infância e falta o conhecimento sobre este recurso energético. Por conseguinte, é difícil encontrar um estudo detalhado e abrangente sobre o potencial mundial da energia das marés. Estudos recentes do Departamento de Energia dos EUA indicam que apenas 40 locais em todo o mundo têm intervalos de marés com potenciais significativos para gerar electricidade [5] No que diz respeito a África, a África do Sul é o único país que anteriormente considerou a energia das marés enquanto que os Camarões contrataram até agora a MRS Power Cameroon, uma subsidiária da MRS Holding Ltd, um grupo energético em rápido crescimento na África subsariana, para realizar um estudo de viabilidade sobre os potenciais da energia das marés [5].

II- Consumo de energia por sector

Em 2010, o consumo de energia representou 5747 ktep, dos quais 70% foram consumidos pelas famílias, 16% pelos transportes e 6% pelo sector industrial. A madeira continua a ser a principal energia consumida no país, cobrindo cerca de 72,6% do consumo total de energia. A procura de biomassa de madeira dos Camarões cresce quase ao mesmo ritmo da procura total de energia (2,4%/ano). Apesar de estar em declínio contínuo desde meados da década de 1980, a procura de produtos petrolíferos continua a ser a segunda maior (20%). Por exemplo, estima-se que as lâmpadas de querosene são utilizadas para iluminação por dois terços da população rural e 10% da população urbana.

Embora em aumento, a electricidade só representou 7,3% do consumo total de energia em 2010. Durante o período 2005-2011, a taxa de electrificação do país aumentou de 49,7% para 57% graças aos esforços do Governo em alargar e densificar a rede. Não obstante, enquanto que o enfoque do Governo na electrificação da rede tem tido efeitos positivos nas áreas urbanas, as taxas de electrificação rural situam-se em 19%, tendo regredido ligeiramente desde 2005.

Em 2010, a utilização final total de electricidade dos Camarões foi de 4.863 GWh. O sector residencial representou apenas 20% da utilização final de electricidade (986 GWh). A indústria continuou a ser o maior consumidor de electricidade nos Camarões com 2.781 GWh em 2010, particularmente os sectores do alumínio (48%) e extractivo (18%). No entanto, devido a cortes de energia regulares, muitas indústrias investiram em geradores a diesel para auto-geração.

Fornecimento de energia

Em 2010, a produção total de electricidade representou 5.834 GWh com uma capacidade total instalada de cerca de 1925,86 MW. Os Camarões têm uma capacidade total instalada na rede de cerca de 1323,96 MW, dos quais aproximadamente dois terços são hidroeléctricos e o restante é térmico (604,96 MW). A capacidade instalada de energia hidroeléctrica dos Camarões não tem variado muito desde o início dos anos 2000. Os Camarões contam com três centrais hidroeléctricas de grande escala com uma capacidade total de 719 MW, que consistem em três centrais; Song Loulou (384 MW), Edéa (263 MW) e Lagdo (72 MW) combinadas com três reservatórios a montante nos afluentes do rio Sanaga (Mbakaou, Mape, Bamendjin) com uma capacidade total de armazenamento de 7,6 mil milhões de metros cúbicos. Em 2011, as centrais hidroeléctricas produziram 73% da electricidade total, enquanto que as centrais térmicas produziram 10%. O declínio da procura de energia térmica pode ser explicado pelos seus custos de produção mais elevados.

Em 2010, foram instalados 586 MW adicionais de capacidade térmica para auto-geração, dos quais 562 MW são onshore e 24 MW offshore. Os autoprodutores possuíam cerca de 37% da capacidade total instalada e produziam 17% da electricidade. A biomassa é também utilizada para auto-geração por agro-indústrias como a SODECOTON, SOCAPALM, CDC e SOSUCAM nos sectores do algodão, óleo de palma e açúcar, que utilizam resíduos para auto-cogeração com uma produção total de energia de aproximadamente 88 GWh por ano. 3,8% dos agregados familiares têm também geradores para auto-geração. A percentagem de grupos geradores entre os agregados familiares rurais aumenta até 6,1% em comparação com apenas 1,7 dos agregados familiares em áreas urbanas.

Além disso, existem 26 redes de gasóleo isoladas com uma capacidade total instalada de 15,3 MW e uma potência total de 42,765 MWh em 2011. Vários projectos de micro e pico-hídricas com uma capacidade total instalada de 515,5 kW foram também desenvolvidos pela Action pour un Développement Équitable, Intégré et Durable (ADEID). Apesar do elevado potencial solar do país, há apenas provas de uma mini-rede solar desenvolvida pela Global Village Cameroon (GVC) na zona rural de Ngan-ha com uma capacidade instalada de 9,5 kW para electrificar 75 casas, bem como edifícios públicos. Os Camarões têm algumas áreas onde o vento pode ser explorado a nível comercial. Uma pequena turbina eólica de fabrico local foi instalada em Bandzeng, aldeia localizada no departamento de Bui, que regista velocidades de vento de 10 m/s, a única região onde foram registados ventos de alta velocidade.

Quadro 3 [1]

Tipo	Fonte	Capacidade (MW)
On-grid	Hidro	719
	Termal	604.96
Auto-geração	Termal	586
Off-grid	Termal	15.3
	Hidro	0.5
	Solar, eólico e biomassa	0.1
TOTAL		1925.86

III- Roteiro das energias renováveis

Um documento claro sobre política energética não estava disponível antes da tomada de consciência sobre a visão de emergência em 2035. O DSCE[7] (Document de Strategie pour la Croissance et l'Emploi) menciona os objectivos dos Camarões sobre o desenvolvimento energético. Diz respeito à electrificação rural, aumento do acesso à energia através do aumento do número de barragens que podem fornecer energia a todos os camaroneses. Este silêncio sobre projectos de energias renováveis não significa necessariamente que não sejam tidos em consideração. A prova é que, em 2009, os Camarões submeteram um plano director para a electrificação rural ao AfDB, no qual o desenvolvimento de geradores fotovoltaicos, eólicos e de biomassa figuram como projectos alternativos. Infelizmente, foram rejeitados porque o seu custo de investimento é elevado, emissões de gases com efeito de estufa limitadas pelas condições climáticas [8]. Além disso, todo o potencial de energia renovável dos Camarões (eólica, geotérmica, maremotriz) não está claramente definido e são realizadas investigações menos mortíferas sobre diferentes formas de exploração de energia renovável. Consciente deste assunto, peritos do Ministério dos Recursos Hídricos e Energéticos e da Coreia do Sul representada pela Agência de Cooperação Internacional da Coreia, a KOICA iniciou um plano director para o desenvolvimento das energias renováveis nos Camarões para desenvolver os recursos energéticos renováveis em 2015 (solar,eólico,biomassa e pequenas hídricas) [9].

A principal exploração de energia renovável nos Camarões está centrada na energia hidroeléctrica. O aumento da produção de electricidade de 1.000 MW para 3.000 MW irá custar 11,7 mil milhões de dólares. Os principais projectos hidroeléctricos relacionados com o desenvolvimento do país são: Lom Pangar (300 MW), Natchigal (250 MW), Memve'ele (201 MW) Song Mbengue (880 MW), Birni à Warak (75 MW)[8] A construção da barragem de Lom Pangar está agora concluída. É o primeiro projecto de barragem implementado porque irá controlar o caudal do rio Sanaga e permitir a construção de Natchigal e Song Mbengue. A barragem Menve'ele, no sul dos Camarões, construída pela empresa SINOHYDRO. O custo está estimado em 795 milhões de dólares. ainda não foi atingido. A partir da construção da barragem, a interligação dentro da rede e com os países vizinhos irá ocorrer sem esquecer a electrificação rural. Por exemplo, graças à barragem de Lom Pangar, 150 aldeias na região oriental e, a República Centro-Africana vão beneficiar da mesma através da electrificação. Para além da implicação de Sinohydro, outras fontes de financiamento são o Banco Africano de Desenvolvimento, a Agência de Cooperação Internacional do Japão (JICA), o orçamento do governo.

Construção de Três mini-centrais hidroeléctricas nos rios Ntem, Dja e Kadey estão em projecto. Resultarão de um acordo celebrado em 2003 entre o Ministério das Minas, Água e Energia dos Camarões e a China, representada pelo Banco Comercial Chinês e a Chinese International Water and Electrical Corp (CWE). Este projecto em fase de estabelecimento é financiado pela China em cerca de 30 mil milhões de FCFA.

Além disso, várias centrais solares, com uma capacidade de geração total de 500MW, deverão ser construídas como parte do Projecto de Energia Fotovoltaica dos Camarões 2020. A construção de algumas destas centrais já começou, incluindo a central eléctrica de Maroua 1, com uma capacidade de produção de 60MW. No entanto, esta quantidade de energia solar não deve ser tida em conta nas estimativas de fornecimento de energia eléctrica, uma vez que a tecnologia ainda se encontra na fase piloto nos Camarões.

Um resumo do roteiro energético camaronês:

1) Visão 2035: **acesso universal à electricidade** através de **investimentos significativos no** sector da energia, com a **inclusão de energias renováveis**

• 2010-2020: Implementação do **Livro de Estratégia de Crescimento e Emprego** com a inclusão de objectivos energéticos.

❖ Visa melhorar a **segurança energética e o abastecimento** do país ao menor custo possível.

❖ Assegura a **fiabilidade dos serviços energéticos** e o reforço da capacidade dos intervenientes no domínio da energia.

❖ Objectivo de **atingir 3000 MW** de capacidade instalada de energia hidroeléctrica até 2020.

• Plano de Desenvolvimento do Sector Energético 2030, que visa atingir um **total de 75% e 20% de** taxas de electrificação **rural** até 2030.

• O Plano Director da Electrificação Rural: visa **electrificar 660 localidades** através da **extensão da rede, reabilitação e construção de centrais isoladas a diesel e mini-hídricas.**

2) Projecto de Energia Fotovoltaica dos Camarões 2020: **Instalações fotovoltaicas de 500MW alvo.**

No entanto, o quadro da política de energias renováveis e o plano director estão ainda a ser preparados pelo governo.

Conclusão

Os Camarões têm muitos recursos exploráveis para fornecer energia limpa e sustentável a todos os camaroneses. Embora os Camarões tenham estes recursos, a maioria deles (hídricos, eólicos, solares, resíduos, geotérmicos, gás natural) são subexplorados. Este resultado advém do facto de o quadro para o desenvolvimento das energias renováveis não estar bem definido. Este sector é negligenciado desde 1979, quando a USAID apresentou um relatório sobre o potencial das energias renováveis nos Camarões. Alguns estudantes de engenharia com o apoio de professores trabalharam na possibilidade de produzir biogás a partir de resíduos domésticos, tentaram obter dados sobre a irradiação solar [9]. Infelizmente, os esforços demonstrados não têm sido sustentados pelo governo. Para além de uma forte política de energias renováveis, as iniciativas privadas que tentam minimizar o fosso na utilização de energias renováveis e entre a procura e a oferta precisam de ser reforçadas pelo governo. Além disso, uma sensibilização suficiente da população, um quadro de formação de técnicos e investigadores qualificados, um laboratório equipado para a tecnologia e inovação de ER são necessários para impulsionar o desenvolvimento de ER. Um esforço suplementar na luta contra a corrupção levará a atrair mais investidores para o sector energético.

Referências:
1- https://www.laurea.fi/en/document/Documents/Cameroon%20Fact%20Sheet.pdf
2- *www.ruralelec.org/…/AEEP_Cameroon_Power_Sector)*
3- Tchinda R, Kaptouom E. Situation des energies nouvelles et renouvelables au Cameroun. Revue de l'energie 1999 :510/653-8.
4- Tansi, BN. Uma avaliação do recurso energético renovável dos Camarões e a perspectiva de um desenvolvimento económico sustentável. Tese de mestrado. Alemanha: Universidade Técnica de Brandenburg: 2011.

5- F.H. Abanda. Fontes de energia renováveis nos Camarões: Potenciais, benefícios e ambiente favorável. Renewable and sustainable energy Reviews, 2012.

6- Abanda, FH Ta JHM. The potential for the application of sustainable technologies in poverty alleviation in Cameroon.2006.

7- **- Documento De Strategie Pour La Croissance Et L'emploi, 113 páginas**

8- O Grupo do Banco Mundial. Camarões: O Grupo do Banco Mundial; 2014. Disponível a partir de: http://www.worldbank.org/. [Último acesso em 24.09.14].

9- **Camarões Energia Renovável: Possibilidades do Projecto, Um relatório para a Agência Americana para o Desenvolvimento Internacional identificando acções necessárias para desenvolver uma avaliação das necessidades energéticas dos Camarões Charles Steedman 1 de Agosto, 1979, 60 páginas**

CAPÍTULO 6

O Ruanda tem uma área de 10,169 milhas quadradas (26,338Km²) semelhante aos Países Baixos; é um dos 55 países de África e está localizado na reserva de energia da África Oriental. O país está dividido em cinco províncias, que estão subdivididas em 31 distritos, que estão ainda subdivididos em sectores, células e aldeias ao nível baixo. Entre 143,5 milhões de habitantes da comunidade da África Oriental (2013) e 1,11 mil milhões da população total de África (2013), o Ruanda tem 11,34 milhões de habitantes (2014) e está entre os países densamente povoados de África. As estatísticas mostram que a esperança de vida desde o nascimento aumentou de 56,4 anos para 63 anos em 2013 [1]. No Ruanda, cerca de 86% da população subsiste na agricultura tradicional. Em 2014, o Produto Interno Bruto per capita era $695,7USD e o Produto Interno Bruto era $7,89 bilhõesUSD com uma taxa de crescimento do PIB de 6,9% [1].

1. Potencial energético do Ruanda

Os recursos energéticos potenciais no país do Ruanda incluem as energias renováveis e não renováveis. Os recursos energéticos renováveis do Ruanda incluem energia hídrica, biomassa, solar e geotérmica, enquanto os recursos energéticos não renováveis ou convencionais são a turfa, o gás metano e as energias petrolíferas importadas.

1.1 Potencial de energia renovável
❖ **Sector hídrico**

Desde os anos 60, a energia hidroeléctrica tem gerado a maior parte da electricidade no Ruanda e o seu potencial global estimado é de cerca de 313MW. No final de 2012, a capacidade hidroeléctrica utilizada era de 64,5MW. Quando se considera a energia hidroeléctrica de pequena e média dimensão, estima-se que tenha um potencial total de cerca de 117MW. Até aos últimos anos, as principais fontes de electricidade do Ruanda eram representadas pelas centrais hidroeléctricas de Ntaruka e Mukungwa, abastecidas pelo Lago Burera e pelo Lago Ruhundo, respectivamente. Cerca de 23,5MW é a capacidade projectada dessas centrais hidroeléctricas. Além disso, existem 333 locais potenciais com uma capacidade entre 50KW e 1MW cada um com um potencial total de 12,5MW que poderiam ser explorados para fornecer electricidade às zonas rurais; esses locais são para mini e micro-centrais [2].

❖ **Sector da biomassa**

Devido à crise energética no país, tem havido um aumento do consumo de energia de biomassa doméstica em lares urbanos e semi-urbanos no Ruanda. A biomassa derivada da lenha (zonas rurais utilizam lenha e carvão vegetal (zonas urbanas) é ainda a fonte para cozinhar há muitos anos, onde 85% da energia consumida depende da biomassa. O governo ruandês estabeleceu o objectivo de reduzir o consumo de energia de biomassa dos actuais 85% para 50% do consumo total até 2020.

❖ **Sector geotérmico**

No Ruanda, a geotermia tem uma capacidade potencial de 700MW, dos quais 490 são considerados recursos económicos. Karisimbi, Gisenyi, Kinigi e Bugarama são os principais campos com a sua capacidade potencial de produção de 160MW, 150MW, 120MW e 60MW respectivamente em 2013. Karisimbi tem uma dimensão de recurso estimada de 320MW e em 2013 a capacidade de produção potencial avaliada de 160MW. Os recursos geotérmicos encontram-se sob a forma de fontes termais e foram classificados nas áreas de karisimbi, Kinigi, Gisenyi e Bugarama. E a maioria dos recursos encontra-se ao longo da cintura do Lago Kivu [3].

❖ **Sector solar**

A radiação solar média é de 4-6kWh por metro quadrado por dia. No Ruanda, a tecnologia de energia solar utilizada é a solar fotovoltaica (PV) para geração de electricidade e aquecedor solar de água, na qual são utilizados para electrificação de clínicas, escolas, casas e escritórios administrativos, podendo também fornecer à rede nacional, por exemplo, um sistema solar PV instalado em Kigali no Monte Jali com capacidade de gerar 250kWp, outro módulo solar de 8,5-MW de capacidade, aumentará a capacidade de geração de energia do Ruanda em 8%. A produção anual de electricidade está estimada em 16 milhões de kWh alimentados na rede nacional, embora muitos sistemas solares fotovoltaicos estejam fora da rede. A província oriental do Ruanda tem o maior potencial de energia solar. Outra área é o aquecimento solar de água, substituindo a biomassa e a electricidade do aquecimento de água em todas com um ambiente significativo e economias de custos recorrentes.

1.2Energia convencional

❖ Gás metano do lago Kivu

O lago Kivu situa-se na zona de fendas africana entre o Ruanda e a RDC e os recursos são igualmente partilhados entre esses dois países. Tem uma elevada concentração a profundidades de 270m a 500m. Estima-se que gere 120 a 250 milhões de m^3 de sulfureto de hidrogénio. O projecto existente de metano para energia no Ruanda, KivuWatt, uma subsidiária da contour global USA, está a desenvolver uma central de 100 MW em duas fases até ao final de 2012. 1st fase de 25MW e 75 MW de segunda fase até 2015. Estima-se que o metano no Lago Kivu seja suficiente para gerar 700MW de electricidade ao longo de 55 anos. Eis as características do metano no Lago Kivu: Metano 24,9% vol, dióxido de carbono 73,5% vol, sulfureto de hidrogénio 0,005% vol e outros gases são 1,5% vol [4].

❖ Turfa

Numa área de cerca de 500000 hectares em Akanyaru, Nyabarongo, Rwabusoro e outras áreas, o Ruanda tem reservas estimadas em 155 milhões de toneladas de turfa seca [5]. Actualmente apenas a Cimenterie du Rwanda (CIMERWA), uma fábrica de cimento no Sudoeste do Ruanda, tem vindo a utilizar a mistura de turfa pesada (Clinker) como substituto do combustível pesado no seu processamento, com expectativas de que as suas despesas anuais em combustível sejam reduzidas em 30% [6]. Tradicionalmente, pensa-se que os terrenos turfosos estão preparados para fornecer turfa para a produção de electricidade. Actualmente utilizados em muito pequena escala, agora o governo continua a explorar a possibilidade de utilização em grande escala e comercial de briquetes de turfa como alternativas de biomassa para fins culinários em casas e fábricas, uma vez que os briquetes são praticamente sem fumo, de combustão lenta e facilmente armazenados. E as suas utilizações reduzem a emissão de CO2 e reduzem a procura de combustível de madeira e carvão vegetal.

❖ Petróleo

Actualmente, o Ruanda depende inteiramente de produtos combustíveis importados, porque os seus recursos petrolíferos ainda não foram comprovados e desenvolvidos comercialmente. As importações de petróleo aumentaram de cerca de 2,5% em 2000 para mais de 5,5% até 2012. A redução do gasóleo importado para produção de electricidade será mais do que compensada pelo aumento das necessidades de produtos petrolíferos.

2. Consumo de energia no Ruanda

O sector energético no Ruanda é constituído por quatro componentes: Electricidade, Biomassa, Gás e Petróleo, desempenhando cada uma delas um papel fundamental na transição do Ruanda para um país de rendimento médio até ao final da década. A capacidade instalada nacional do Ruanda é de 160 MW (Março de 2015); 55% da energia hidroeléctrica, 40% da energia térmica alimentada a petróleo e 4% do metano da electricidade, permitindo o acesso à energia apenas a 23% da população, sendo os restantes 77% dependentes da lenha. O Ruanda tem um sector energético tradicional sob a forma de lenha, que se estima ser de 6 milhões de toneladas por ano, consumido na sua maioria pela comunidade rural [4]. A partir de 2014, a biomassa contribuiu para 85% do fornecimento de energia primária no Ruanda. Dos

85%, a madeira como combustível primário representa 57%, a madeira para a produção de carvão vegetal 23% e os resíduos agrícolas e a turfa 5%. Os produtos petrolíferos representaram 11% e a electricidade 4% do fornecimento total de energia [5]. O país tem um potencial estimado de recursos não explorados para a produção de energia de cerca de 1.400 MW que são provenientes de geotermia, gás metano, solar e alguma parte da hidroeléctrica. A figura abaixo resume a situação energética do Ruanda.

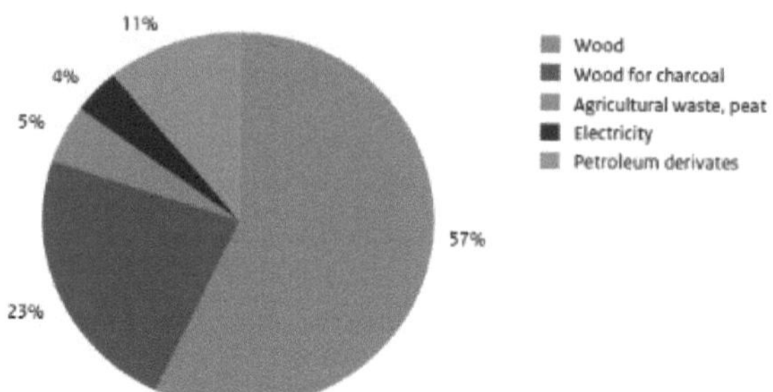

Fonte: Combinação energética do Ruanda com base no MININFRA 2012

A figura abaixo resume todos os dados gerados desde 2001 até 2013, incluindo a energia gerada, consumida, importada e exportada. Mostra que desde 2008, houve um aumento de 10% para um total de 502.053 MWh e um crescimento anual do consumo total seguindo uma trajectória logarítmica. Não só isso, mas também devido ao domínio da iluminação doméstica que utiliza electricidade, o Ruanda tem uma carga de pico de procura muito pronunciada que ocorre durante as horas da noite e foi registada para 87,9MW, em média, em 2013.

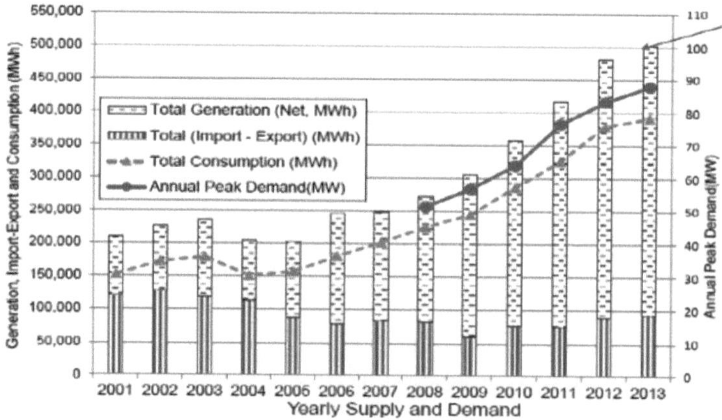

Fonte: GTZ (2007): Base de Recursos da África Oriental

3. Roteiro das Energias Renováveis

❖ **Política e estratégia do sector energético**

➢ Desenvolvimento de Recursos Energéticos Domésticos: Redução do custo médio

➢ Eficiência energética: fazer o melhor uso dos fornecimentos existentes, bem como a futura adição aos mesmos.

➢ Preços e subsídios para a energia

➢ Desenvolvimento Institucional do Sector da Energia: investimento no desenvolvimento institucional do sector energético.

➢ Capacitação: fornecer competências na gestão do sector energético.

❖ PROJECÇÃO FUTURA DE ENERGIA RENOVÁVEL

Sector	Tecnologia	Valor	Descrição	Ano
Electricidade	Energia Hidroeléctrica	330MW	Capacidade instalada de energia hidroeléctrica direccionada	2020
Electricidade	Geotermia	310MW	Capacidade geotérmica instalada direccionada	2020
Electricidade	PV solar	10MW	Planta solar alvo	2017
Biomassa	Digestores de biogás	100000	Destinado a fornecer biodigestores	2017

Conclusão

Das discussões acima referidas, é fácil concluir que há muito tempo que a população ruandesa vive sem acesso à electricidade e que os principais desafios são uma procura crescente de electricidade superior à produção, falta de participação dos sectores privados, infra-estruturas físicas inadequadas e uma grande questão financeira.

Para um país que depende principalmente da biomassa, a desflorestação tem sido a consequência, contudo o governo reforçou a reflorestação no país com a ajuda de doadores como os fundos do governo belga. Actualmente, o Ruanda procura aumentar o acesso à energia limpa através dos recursos renováveis disponíveis como a energia hidroeléctrica, geotérmica e através do gás metano, tendo sido tomadas diferentes medidas para proteger o ambiente no desenvolvimento desses recursos, não só isso, mas também para ultrapassar os principais desafios mencionados acima, algumas políticas foram também postas em prática, como o incentivo ao investimento do sector privado a todos os níveis, onde o governo irá mitigar os riscos do sector privado em troca de custos reduzidos através de custos de financiamento mais baixos. Com esse grande esforço, é possível atingir o objectivo

REFERÊNCIAS
1. http://data.worldbank.org/indicator/EG.ELC.ACCS.ZS/countries
2. GTZ (2007): Base de Recursos da África Oriental: GTZ Online Base Regional de Recursos Energéticos: Base de Dados de Recursos Energéticos Regional e Específica de Países: II - Fonte de Recursos Energéticos.
3. Bonfils Safari. "Modelação da velocidade do vento e das distribuições de energia eólica no Ruanda". Renewable and Sustainable Energy Reviews 15 (2011) 925-935.
4. Oportunidades energéticas no Ruanda.
5. Gahigi, M. (2009) A extracção de turfa poupa a CIMERWA. Os Novos Tempos. Recuperado em 12 de Junho de 2009, http:// www.newtimes.co.rw
6. Banco Mundial 2009/ África Pobreza energética.

Printed by Books on Demand GmbH, Norderstedt / Germany